「d-book」
行列式，マトリクスと電気回路網

田中 久四郎 編著

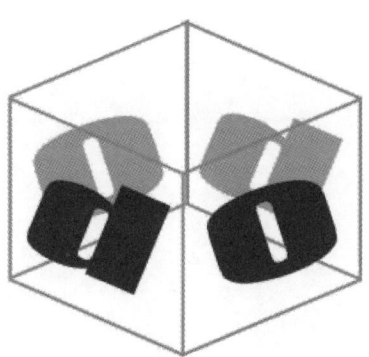

denkishoin online

[BOOKS | BOARD | MEMBERS | LINK]

電気工学の知識ベース

http：//euclid.d-book.co.jp/

電気書院

目 次

1 数学へのアプローチ

 (1) 代数の乗法公式の復習 2

 (2) 比例式計算の復習 3

 (3) 指数計算の復習 4

 (4) べき計算の復習 5

 (5) 2次方程式の復習 6

 (6) 平行線についての復習 7

 (7) 三角形についての復習 8

 (8) 平行四辺形についての復習 10

 (9) 円周と弧についての復習 11

 (10) 弧度法についての復習 12

2 行列式と電気回路網

 2・1 行列式のはじまり 16

 2・2 電気回路網解析への行列式の応用 16

 2・3 行列式の主要な性質 22

 2・4 行列式の応用例題 24

 2・5 行列式の要点 28

  (1) 多元1次連立方程式の行列式による解き方 28

  (2) 行列式の主な性質 29

 2・6 行列式の演習問題 30

3 マトリクスと多端子回路網

 3・1 行列式とマトリクス 33

 3・2 マトリクスの種類 34

 3・3 マトリクスの四則計算 37

  (1) マトリクスの相等と加法, 減法 37

  (2) マトリクスの乗法 39

(3) マトリクスの除法 43
3・4　マトリクスによる電気回路網の解析 49
　　(1) 電気回路基本定理のマトリクス的表示 49
　　(2) 4端子網の解析 56
　　(3) 多端子網の解析 63
3・5　マトリクスの応用例題 65
3・6　マトリクスの要点 78
　　(1) マトリクスの種類 78
　　(2) マトリクスの四則計算 78
　　(3) 電気回路基本定理のマトリクス表示 80
　　(4) 4端子網方程式のマトリクス表示 80
3・7　マトリクスの演習問題 81

1　数学へのアプローチ

ギリシャ文字　　電気の数学ではよくギリシャ文字が使用されるので，以下でよく使用するギリシャ文字から説明する．**ギリシャ文字は24個あって，大文字と小文字に分れているが**主として小文字を用いていて，その読み方には英語式やドイツ語式などがあるが，ここではわが国で慣用されている読み方を記し，英文と書体がまぎれやすく余り用いられていないものを除くことにした．

α　　a（α）（アルファ）は根，角，加速度，線膨脹係数，電気抵抗温度係数や一般係数に用いられる．

β　　β（ベータ）も根，角，体膨脹係数や一般係数に用いられ，γ（ガンマ）も根や角に用いられ——α 線，β 線，γ 線などとしても用いられている．

δ　　δ（デルタ）は大文字が Δ で δ は小さな角などに用いられ，x の僅かな増分を Δx などと記する．

ε　　ε（エプシーロンまたはイプシロン）は自然対数の底数として，または誘電率や電圧変動率など率を示すのに用いられる．

η　　η（イータ）は効率，平均偏差，粘性係数などに用いられ，θ（シータ）は角を示
θ　　す場合が多く時として温度上昇などにも用いられ，大文字は Θ である．

λ　　λ（ラムダ）は波長や一般係数として用いられ，μ（ミュー）はミクロン（1/1 000
μ　　mm），摩擦係数，透磁率などに用いられる．

ν　　ν（ニュー）は主として振動数に，ξ（グザイまたはクシー）は γ と共に伝播定
π　　数 $\xi = \sqrt{YZ}$ などに用いられ、π（パイ）は主として円周率と弧度法での角度に用いられる．

ρ（ロー）は曲率半径，密度，抵抗率などに，σ（シグマ）は偏差などに，大文字の Σ は集める（和をとる）記号に用いられ，τ（タウ）は回転力に，ϕ（φ）（ファイ）は角とか磁束，または一般の関数を示すのに用いられ，例えば $\varphi(x)$ と記する．

もっと一般の関数を示す形としては，$F(x)$, $f(x)$ が最も多く用いられる．この大文字は Φ であるが，最後の ω（オメガ）は，交流理論で角速度をあらわし，$\omega = 2\pi f$ として用いられ，その大文字 Ω は電気抵抗の単位としてオームをあらわすのに用いられている．

これらのギリシヤ文字の正しい書き方を示すと

$$\overset{*}{\alpha}\ \overset{*}{\beta}\ \overset{*}{\gamma}\ \overset{*}{\delta}\ \overset{*}{\varepsilon}\ \overset{*}{\zeta}\ \overset{*}{\eta}\ \overset{*}{\theta}\ \overset{*}{\iota}\ \overset{*}{\kappa}\ \overset{*}{\lambda}\ \overset{*}{\mu}\ \overset{*}{\nu}\ \overset{*}{\xi}\ \overset{*}{o}$$

$$\overset{*}{\pi}\ \overset{*}{\rho}\ \overset{*}{\sigma}(\overset{*}{\varsigma})\ \overset{*}{\tau}\ \overset{*}{\upsilon}\ \overset{*}{\phi}\ \overset{*}{\chi}\ \overset{*}{\psi}\ \overset{*}{\omega}$$

*は書き始めの所　　Σ の小文字で ς は語尾のみ用い，その他では σ を用いる．
注：ζ（ゼータ），ι（イオタ），κ（カッパ），o（オミクロン），υ（ユプシロン），χ（カイ），
　　ψ（プシー）この大文字は Ψ

次に，記号と略号について目新しいものを説明しよう．

複符号　±（Plus or Minus）は＋と－の何れともなる**複符号**で，例えば$\pm\sqrt{9}$は＋3と－3を同時にあらわしている．

等号　≒または≅（Approximately equal or Nearly equal）はほとんど等しいことをあらわし，≠（Not equal）は等しくないことを，≡（Identical equal or Congruent）は，恒等的に等しいこと，例えば$(a+b)^2 \equiv a^2+2ab+b^2$をあらわすが，これをただの＝で代用することもある．また，≡は合同（全く相等しいこと）を意味し，二つの三角形の合同であることを△ABC≡△abcと記す．――△は三角形を示す．――

不等号　次に，$a > b$（a is greater than b）はaはbより大きいことを，$a < b$（a is less than b）はaがbより小さいことを，$a \ll b$はaはbにくらべて十分に小さいことを，逆にいうとbはaにくらべて十分に大きいことをあらわし，$a \geq b$（または$a \geqq b$）はaがbより大きいか等しいこと，従って$a \not< b$でaはbより小さくないことを意味する．だから$a \not\leq b$は$a \not> b$をあらわすことになる．$a \rightleftarrows b$はaとbが同値なことを，$a_n \to B$はa_nがBに近づき，その極限値がBであることを示すが，また$A \to C$をAからCが結論される場合にも用いられている．

比例　なお，yがxに比例することを$y \propto x$と8の字を横にして右の口をあけた符号∝で示すが，この口を閉じた∞（Infinity：インフィニティー）は無限大をあらわし，∽

相似　（Similar：スィミラー）は**相似**を意味する――二つの3角形の大きさはちがうがそれぞれの内角が相等しいとき相似となるので，例えば△ABC∽△abcと書く．

複素数　Zが**複素数**（ベクトル量）であることを$\dot{Z}$または太字$\mathbf{Z}$で，その絶対値を$|\dot{Z}|$とするのが原則であるが，これを普通の文字Zであらわし，特に絶対値であることを$|Z|$と略することもある．

階乗　次に$n!$（または$\underline{|n}$はnの階乗（Factorial n：ファクトリアルn）といい，例えば$3! = 1 \times 2 \times 3$を意味する．

　また，図形では∠は角を，∥は平行を⊥は垂直を，⌐または∠Rは直角を，□は平行四辺形を，⌒は弧を―は線分長を――例えば線分ABの長さを$\overline{AB}$，弧CDを$\overset{\frown}{CD}$と記する――もっともAからBに向うベクトルを$\overrightarrow{AB}$と記することもある．

　なお，略号として∴（Therefore）は「故に」を，これをひっくり返した∵（Because）は「何故なら」を意味し，ans.（Answer）は「答」を，i.e.（That is）は「すなわち」を，max.（Maximum）は「最大」を，Me.（Mediam）は「中央値」を，min.（Minimum）は「最小」を，Q.E.D（Quod Erat Demonstradum）は「証明」終りをあらわしている．

　なお，その他のものについては，それらが解説にあらわれたときに注釈することにしよう．

(1) 代数の乗法公式の復習

乗法公式　次に代数の**乗法公式**の基本的なものを示すが，これを右辺から左辺の方向に用いると因数分解の公式にもなる．

(1) $(a+b)^2 = a^2 + 2ab + b^2$

(2) $(a+b)^3 = a^3 + 3a^2b + 3ab^2 + b^3$

(3) $(a+b+c)^2 = a^2 + b^2 + c^2 + 2ab + 2bc + 2ca$

注：例えば $(a-b)^3$ の場合は上記の右辺の b を $-b$ とおけばよい．

(4) $(a+b)(a-b) = a^2-b^2$

(5) $(x+a)(x+b) = x^2+(a+b)x+ab$

(6) $(ax+b)(cx+d) = acx^2+(ad+bc)x+bd$

(7) $(x+a)(x+b)(x+c) = x^3+(a+b+c)x^2+(ab+bc+ca)x+abc$

(8) $(a+b)(a^2-ab+b^2) = a^3+b^3$

以上の恒等式で因数分解によく用いられるのは (1) と (4) と (5) であって，(6) の場合は右辺の各項を ac で除すると (5) の場合になるので，この場合を説明しておく．

例えば，$x^2+14x+48$ を因数分解するには上式 (5) と比較して

$$a+b=14, \quad a \times b = 48$$

になるような a と b を求めねばならない．まず，48 は「何と何の積か」を調べると

$$48 \cdots\cdots \underbrace{\overset{a\ b}{2\times 24}}_{26} \quad \underbrace{\overset{a\ b}{4\times 12}}_{16} \quad \underbrace{\overset{a\ b}{8\times 6}}_{14} \quad \underbrace{\overset{a\ b}{16\times 3}}_{19} \cdots\cdots (a+b)$$

になって，このうちでの $a+b=14$，になるのは $a=8$，$b=6$ ——この反対に $a=6$，$b=8$ としてもよい——であるから，原多項式は

$$x^2+(8+6)x+48 = x^2+8x+6x+48 = x(x+8)+6(x+8)$$
$$= (x+8)(x+6)$$

というように因数分解ができる．

(2) 比例式計算の復習

比例式　次に，比例式の主な性質をかかげる．

(1) $a:b=c:d$，であると，$ad=bc$ すなわち，内項の積＝外項の積　になる．

(2) $a:b=c:d$，であると，$a:c=b:d$，$d:b=c:a$ すなわち，内項をふりかえても，外項をふりかえても成立し，$b:a=d:c$ も成立する．

(3) $\dfrac{a}{b}=\dfrac{c}{d}$，であると，$\dfrac{a\pm b}{b}=\dfrac{c\pm d}{d}$ が成立する．

(4) $\dfrac{a}{b}=\dfrac{c}{d}$，であると，$\dfrac{a+b}{a-b}=\dfrac{c+d}{c-d}$ が成立する．

(5) $\dfrac{a}{b}=\dfrac{c}{d}=\dfrac{e}{f}\cdots\cdots$，であると，$\dfrac{a+c+e\cdots\cdots}{b+d+f\cdots\cdots}=\dfrac{la+mc+ne\cdots\cdots}{lb+md+nf\cdots\cdots}$
が成立する．

(6) $\dfrac{a}{b}=\dfrac{c}{d}$，であると，$\dfrac{a-c}{b-d}=\dfrac{a}{b}$
が成立する．

部分分数　さて，無味乾燥な公式をならべ過ぎたようだから，ここで，**部分分数式**の説明をはさむことにしよう．

分数式において分子の次数が分母の次数より低い既約分数式をいくつかの分数式の和としてあらわすことを「部分分数に分解する」という．例えば，

$$\frac{2x^2+5x+5}{(x+1)^2(x+2)} = \frac{A}{(x+1)^2} + \frac{B}{(x+1)} + \frac{C}{(x+2)}$$

というように部分分数に分解されたと仮定したとき，この A，B，C を定める方法を

説明しよう．

まず，この等式の分母を払うと
$$2x^2+5x+5=A(x+2)+B(x+1)(x+2)+C(x+1)^2 \quad (1)$$
この式でA, Bの項の係数を0として，これを消去するため，$x=-2$とおく
$$2\times(-2)^2+5\times(-2)+5=3=C(-2+1)^2=C$$
従って，$C=3$になる．これを(1)式に代入すると
$$2x^2+5x+5=A(x+2)+B(x+1)(x+2)+3(x+1)^2$$
この右辺の最後の項を左辺に移項すると，
$$-x^2-x+2=-(x+2)(x-1)=A(x+2)+B(x+1)(x+2)$$
この両辺を$(x+2)$で約すと
$$-(x-1)=A+B(x+1) \quad (2)$$
になり，Bの係数を0とするために$x=-1$を与えると，上式は$-(-1-1)=A$，∴ $A=2$になり，これを(2)式に入れると
$$-(x-1)=2+B(x+1) \quad (3)$$
この (3) 式にxの任意の値，例えば$x=2$を与えると
$$-(2-1)=2+3B \quad ∴\ B=-1$$
となるので，原分数式に$A=2$, $B=-1$, $C=3$を入れると
$$\frac{2x^2+5x+5}{(x+1)^2(x+2)}=\frac{2}{(x+1)^2}-\frac{1}{(x+1)}+\frac{3}{(x+2)}$$
というように部分分数に分解できる．

(3) 指数計算の復習

指数計算　次に指数計算を復習しよう．指数計算の誤りはしばしば発見され，ちょっとした惜しいところで不正解となる方も少なくないので，いささか念を入れて根本から述べてみよう．

さて，a^mはaをm箇かけ合わすことを，a^nはaをn箇かけ合わすことをあらわし，a, bを正の数，m, nを正の整数とすると，

(1) $a^m \times a^n = a^{m+n}$

(2) $a^m \div a^n = a^{m-n}$

(3) $(a^m)^n = a^{mn}$

(4) $(ab)^n = a^n b^n$

(5) $\left(\dfrac{a}{b}\right)^n = \dfrac{a^n}{b^n}$

指数法則　になる，これを「**指数法則**」という．この(2)で$m=n$とすると$a^m \div a^n = 1$，になるので(2)の公式を，この場合にも正しく成立させるためには

(6) $a^m \div a^n = a^{m-n} = a^0 = 1$

すなわち「鉄屋の令嬢（0乗）も綿屋の令嬢も等しく1である」と定めねばならない．また，(2)で$m=0$とすると $a^0 \div a^n = a^{0-n} = a^{-n}$ になるが，上述から $a^0 \div a^n = 1 \div a^n = 1/a^n$ になるので，このことを成立させるためには，

(7) $a^{-n} = \dfrac{1}{a^n}$

と定めねばならない．また，(3)によると

$$\left(a^{\frac{1}{m}}\right)^m = a^{\frac{1}{m} \times m} = a^1 = a$$

となり，$a^{\frac{1}{m}}$ はこれを m 乗すると元の a になるので，$a^{\frac{1}{m}}$ は a の m 乗根になり，これを $a^{\frac{1}{m}} = \sqrt[m]{a}$ と書く．

(8) $a^{\frac{n}{m}} = a^{n \times \frac{1}{m}} = (a^n)^{\frac{1}{m}} = \sqrt[m]{a^n}$

というように指数法則を拡張して考えると，m, n は整数だけでなく，これに分数を含めた任意の有理数に対しても成立し，(1)を

$$a^m \times \dfrac{1}{a^n} = a^m \times a^{-n} = a^{m-n}$$

と拡大して解釈すると(2)は(1)に含まれ，指数法則は次の3つの形に縮約される．

〔1〕 $a^m \times a^n = a^{m+n}$　　例えば　$a^p \times a^{-q} \times a^r = a^{p-q+r}$

〔2〕 $(a^m)^n = a^{m \times n} = a^{mn}$　　例えば　$(a^4)^{\frac{1}{2}} = a^{4 \times \frac{1}{2}} = a^2$

〔3〕 $(ab)^n = a^n b^n$　　例えば　$(xyz)^m = x^m y^m z^m$

この法則を用いて，例えば，$a^{\frac{5}{4}} = a^{\frac{4}{4} + \frac{1}{4}} = a \times a^{\frac{1}{4}} = a\sqrt{\sqrt{a}}$　というように計算する．——水車の特有速度は落差 H の5/4乗に反比例する——

注：電気工学ではよく 10^{-3}, 10^{-6}, 10^{-8} などを用いるが，これは

$$10^{-3} = 10^{0-3} = \dfrac{10^0}{10^3} = \dfrac{1}{10^3}, \quad 同様に \quad 10^{-6} = \dfrac{1}{10^6}, \quad 10^{-8} = \dfrac{1}{10^8}$$

を意味し，ある数にこれらをかけることは，その数をそれぞれ千分の1，百万分の1，1億分の1することになる．

(4) べき計算の復習

べき
べき根

「べき」について述べたついでにべき根についても考えてみよう．ある数の n 乗は1つしかないが，ある数の n 乗根は一般に n 箇ある．例えば，1の2乗根には，$\sqrt{1} = \pm 1$ と $+1$ と -1 の2つがあり，1の3乗根は，実数の根と実数と虚数からなる根，1, $-1/2 + j\sqrt{3}/2$, $-1/2 - j\sqrt{3}/2$ の三つがある．このべき根の主な計算方法をかかげると

(1) $\left(\sqrt[n]{a}\right)^n = a$　　n 乗根を n 乗すると元の数になる．

これは分母に根号を含む式の分母を有理化するのに用いられる．

例えば

$$\dfrac{E_m}{\sqrt{2}} = \dfrac{\sqrt{2}\,E_m}{\left(\sqrt{2}\right)^2} = \dfrac{\sqrt{2}\,E_m}{2}$$

$$\dfrac{1000P}{\sqrt{3}\,E} = \dfrac{1000\sqrt{3}\,P}{3E}$$

こうすれば $\sqrt{2} = 1.414\cdots$（人よ人よ）や $\sqrt{3} = 1.732\cdots$（人なみに）のような厄介な不尽数で割り算をしなくてすむ．

(2) $\sqrt[n]{a} \times \sqrt[n]{b} \times \sqrt[n]{c} = \sqrt[n]{abc}$

いくつかの数の n 乗根の積は各数の積の n 乗根に等しい．こうして計算する方が数表を用いる場合には便利であるが，筆算のときはこの逆を用いて，例えば $\sqrt[3]{216}$ で，1番少ない数2の3乗 $2^3 = 8$ で，この数が割り切れないかを見て

$$\sqrt[3]{216} = \sqrt[3]{8 \times 27} = \sqrt[3]{8} \times \sqrt[3]{27} = 2 \times 3 = 6$$

というように求めることもある．

(3) $\sqrt[n]{\dfrac{a}{b}} = \dfrac{\sqrt[n]{a}}{\sqrt[n]{b}}$

分数式の n 乗根は，その分母子それぞれの n 乗根をとった分数式に等しい．

例えば $\sqrt{\dfrac{16}{49}} = \dfrac{\sqrt{16}}{\sqrt{49}} = \pm\dfrac{4}{7}$ のように，この逆に計算することもある．

(4) $\sqrt[n]{\sqrt[m]{a}} = \sqrt[mn]{a}$

ある数の m 乗根の n 乗根は元の数の $m \times n = mn$ 乗根に等しい．

例えば $\sqrt[3]{\sqrt{a}} = \sqrt[6]{a}$ になるが，これを逆に用いて $\sqrt[6]{64} = \sqrt{\sqrt[3]{64}} = \sqrt{4} = \pm 2$ というように計算することもある．

(5) $\left(\sqrt[n]{a}\right)^m = \sqrt[n]{a^m}$

ある数の n 乗根の m 乗は元の数の m 乗の n 乗根に等しい

例えば $\left(\sqrt[3]{27}\right)^2 = 3^2 = 9$ ， $\sqrt[3]{27^2} = \sqrt[3]{729} = 9$

この例からも明かなように $\left(\sqrt[n]{a}\right)^m$ とした方が計算がしやすい．

(6) $\sqrt[n]{a^m} = \sqrt[np]{a^{mp}} = \sqrt[n/q]{a^{m/q}}$

ある数のべき指数と根指数に同じ数をかけても同じ数で除しても，その値は変らない．特に m, n を約すと計算が楽になる．

例えば $\sqrt[4]{4^6} = \sqrt{4^3} = \sqrt{64} = \pm 8$

あるいは，$\sqrt[2]{2^3}$ と $\sqrt[3]{5^2}$ の大小を比較するには根指数を等しくして比較すると

$$\sqrt[6]{2^9} = \sqrt[6]{8^3} = \sqrt[6]{512}, \quad \sqrt[6]{5^4} = \sqrt[6]{25^2} = \sqrt[6]{625}$$

後者の大きいことが解る——次に指数計算の応用例として

銅線の溶断電流が $I = 80 d^{\frac{3}{2}}$ 〔A〕で示されるとき，直径 $d = 2.5$ 〔mm〕の溶断電流を求めよ．

$a^{\frac{3}{2}} = a \times \sqrt{a}$ として計算する——316〔A〕になる．

(5) 2次方程式の復習

2次方程式 　2次方程式の根は

$$ax^2 + bx + c = 0, \text{ とき} \quad x = \dfrac{-b \pm \sqrt{b^2 - 4ac}}{2a}$$

根の判別式 | となり　この分子の根号内　$D = b^2 - 4ac$　を**根の判別式**といい，2次方程式は

$D > 0$ のとき，二つの異なる実根をもち，

$D = 0$ のとき，二つの等しい実根（重根）をもち，

$D < 0$ のとき，二つの共役な虚根をもつ.

この関係をグラフに示すと**図1・1**のようになる．図では x の値をX軸に，これに対応する

$$y = ax^2 + bx + c$$

をY軸にとって画いたもので，$y = 0$，すなわち曲線とX軸の交点が，この2次方程式

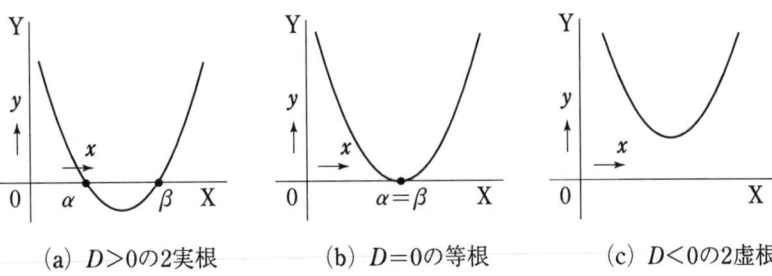

(a) $D > 0$ の2実根　　(b) $D = 0$ の等根　　(c) $D < 0$ の2虚根

図1・1　2次方程式の根の3態

の根になる．なお，この図は $a > 0$ の場合で，$a < 0$ になると，この曲線をX軸に対し下に折り返したものになる．この2次方程式の根と係数の関係は

(1) $ax^2 + bx + c = 0$ $(a \neq 0)$ の2根を α, β とすると，これと係数 a, b, c との間には次の関係がある．

$$\alpha + \beta = -\frac{b}{a}, \quad \alpha\beta = \frac{c}{a}, \quad |\alpha - \beta| = \frac{\sqrt{D}}{a}$$

(2) $ax^2 + bx + c = 0$. $(a \neq 0)$ の2根を α, β とすると

$$ax^2 + bx + c = a(x - \alpha)(x - \beta)$$

になり，この関係は2次式の因数分解に応用される．

(3) また，α, β を2根とする2次方程式は下記のようになる．

$$x^2 - (\alpha + \beta)x + \alpha\beta = 0$$

ここで次の問題を根の吟味もふくめて研究して頂くことにする．

「電源の発生電圧が E_0 ボルト，その内部抵抗 r オーム，線路の抵抗が R オームである2線式配電線の負荷端に W ワットの負荷があるとき，受電端の電圧を求めよ」

(6) 平行線についての復習

平行線 | まず**平行線**の性質であるが，直線ABが直線CDと平行であることをAB//CDと書き，この平行線に図1・2のように，他の一つの直線XYが交わるときに生ずる角のう

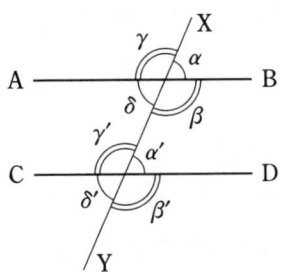

図1・2　平行線の性質

同位角, 錯角 ちαとα′, βとβ′, γとγ′, δとδ′を「同位角」といい, βとγ′, δとα′を「錯角」とい
同側内角 うが, この同位角や錯角は相等しい. また, βとα′, δとγ′を同側内角といい, 同側
補角 内角は「補角」になる——β+α′=180°, δ+γ′=180°——. これを逆にいうと錯角
または同位角が等しいか, 同側内角が補角関係にあるとAB∥CDになる. このこと
を応用して三角形の内角の和が2直角（2∠R=180°）になることが証明できる. す
なわち, 図1·3の△ABCの

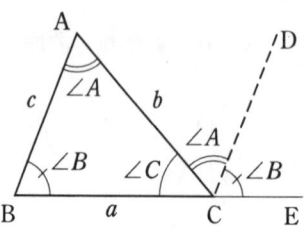

図1·3 三角形の内角の和

内角を∠A, ∠B, ∠Cとし——各辺の長さは頂点A, B, Cに対応して図のようにa, b, cと書く——, このBC辺を延長してCEとし, C点からCD∥ABを引くと, 錯角の等しいことから∠ACD=∠A, 同位角の等しいことから∠DCE=∠Bになるので,

$$\angle A + \angle B + \angle C = \angle BCE = 2\angle R = 180°$$

ただし, ∠C=∠Rの直角三角形では ∠A+∠B=∠R=90° また, ∠ACE=∠A+∠B となることを, 三角形の一つの外角はその内対角の和に等しいという.

になる. なお,

「2辺がそれぞれ平行であるか, または互いに垂直である2つの角は相等しいか, 互に補角をなす」——このことはしばしば利用される重要なことである——.

も証明できる. すなわち, 図1·4でEF∥AB, およびFG∥BCとすると, それぞれ

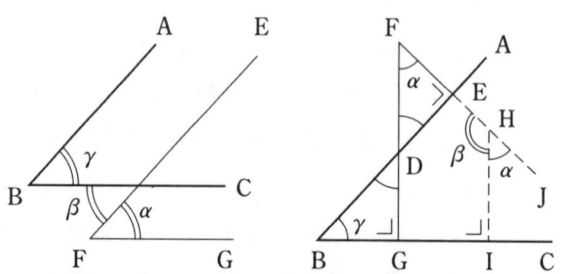

図1·4 平行線, 垂直線の等角関係

の錯角関係の α=β, β=γ になるので, α=γ になる. また, 図でFE⊥AB, FG⊥BCとすると, 直角三角形である△FDEと△BDGで∠Dは対頂角で等しいので, α=γ=90°−∠D になってαとγは等しい. また, 点線のようにHE⊥AB, HI⊥BCとすると, HIとFGは同じ直線BCに垂直だからHI∥FGになり,

$$\angle IHJ = \angle \alpha \text{ (同位角)} \quad \therefore \quad \angle FHI(\beta) + \alpha = 2\angle R$$

ということになる.

(7) 三角形についての復習

正三角形 3辺の長さの等しい三角形を「正三角形」というが, その三つの内角も相等しく各々60°になり, 正三角形は等辺等角な三角形で, 対称3相交流電圧なり, 電流のベクトルはこの正三角形になる. さらに, 図1·5のように2辺の長さが等しい三角形を

二等辺三角形「二等辺三角形」といい，二等辺三角形では等辺のはさむ角を特に「**頂角**」，その対辺を底辺．両端の角を「**底角**」という．この二等辺三角形では2つの底角は相等しく，頂角，底角頂角の2等分線は底辺を垂直に2等分する．――底辺の垂直2等分線は頂点を通るとも，底辺の中点と頂点を結ぶ直線は底辺に垂直であるともいえる――

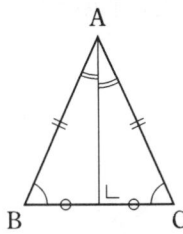

図1・5　2等辺三角形

合同　　次に二つの三角形で，それが完全に重ね合せられると，この二つの三角形は「**合同**」であるといい，△ABC≡△PQRというように記する．二つの三角形が合同となるには

(1) 2辺とそのはさむ角がそれぞれ相等しいとき．

(2) 1辺とその両端の角がそれぞれ相等しいとき．

(3) 3辺がそれぞれ相等しいとき．

(4) 2つの直角三角形の斜辺と他の1辺がそれぞれ相等しいとき．

であって，等しい角に対する辺は相等しい（重要）．また，二つの三角形の一方が他方を相似的に縮小または拡大したような場合，この二つの三角形は「**相似**」であるといい，これを△ABC∽△A′B′C′と書く．二つの三角形が相似であるためには

相似

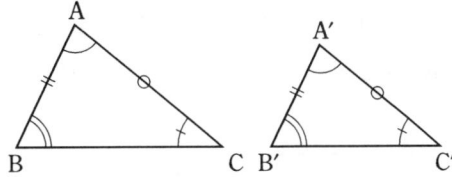

図1・6　相似三角形

(1) 2組の角がそれぞれ等しい．

(2) 2組の辺の比と，その辺のはさむ角が等しい．

(3) 3組の対応する辺の比が皆等しい．

(4) 二つの直角三角形では斜辺と他の1辺の比が等しいとき．

逆にいうと以上の条件がととのうと二つの三角形は相似となって，図1・6に示すように

$$\angle A = \angle A',\ \angle B = \angle B',\ \angle C = \angle C'$$

になり，等しい角に対する辺の長さの比は相等しく

$$\frac{AB}{A'B'} = \frac{BC}{B'C'} = \frac{CA}{C'A'} \quad となり，また \quad \frac{\triangle ABC}{\triangle A'B'C'} = \left(\frac{AB}{A'B'}\right)^2$$

になる．

さらに図1・7のように三角形の三つの中線（頂点とこれに対する辺の中央点を結ぶ線分）は1点Gで交わり，その交点は各中線で頂点から2/3のところにある．すなわち，

$$AG = \frac{2}{3}AM,\quad BG = \frac{2}{3}BN,\quad CG = \frac{2}{3}CD$$

重心 　このGを三角形の「**重心**」といい，厚さが一様な三角板なら，この重心で支えると安定であり，3相△結線の負荷に流入する電流のベクトルが $\overrightarrow{AB}$，$\overrightarrow{BC}$，$\overrightarrow{CA}$ であると，各相の電流は $\overrightarrow{GA}$，$\overrightarrow{GB}$，$\overrightarrow{GC}$ となり，そのベクトル和は零になる．また，三角形の三つの辺の垂直2等分線は1点で交わり，この交点は3頂点より等距離にある

外心 　ので，この交点を中心として三角形の外接円を画くことができ，これを「**外心**」という．

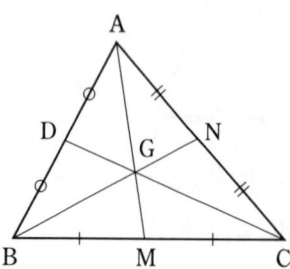
図1·7　三角形の重心

　これに対して三角形の三つの内角の2等分線は1点で交わり，これから3辺に至る距離（この点から下した各辺への垂線の長さ）は相等しいので，この点を中心とし

内心 　て三角形の内接円を画くことができ，これを「**内心**」という．

垂心 　　　注：なお，三角形の各頂点から下した各対辺への垂線も1点で交わり，これを「**垂心**」
　　　　といい，また，1つの内角の2等分線と他の頂点の外角の2等分線は三角形外の1点
側心 　　　　で交わり，これを「**側心**」といい，以上の五つを「三角形の5心」と称する．

(8) 平行四辺形についての復習

平行四辺形 　図1·8のように2組の相対する辺がそれぞれ平行である四辺形を「**平行四辺形**」といい，これを▱ABCDと記す（矩形のときは□ABCD）．

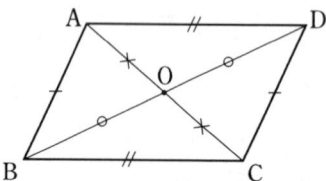
図1·8　平行四辺形

　この平行四辺形の性質は"相対する辺と相対する角は相等しい""その対角線は互いに他を2等分する""隣り合う角は互いに補角をなす"ことであり，四辺形が平行四辺形になるためには

(1) 2組の相対する角がそれぞれ等しいとき．

(2) 2組の相対する辺がそれぞれ等しいとき．

(3) 1組の相対する辺が等しく，かつ平行なとき．

(4) 対角線が互に他を2等分するとき，

の何れかであって，この平行四辺形は二つのベクトルを合成するときに自から形成される．

　ここらで，眠気さましに，次のことを証明して頂くことにしよう．

(1) 三角形の2辺の中点を結ぶ線分は，第3辺に平行でその1/2になる．

(2) 三角形の1辺の中点を通り，第3辺に平行な直線は第2辺の中点を通る．

――証明へのヒントを**図1·9**で与えておく，図でCN∥ABに作図する――

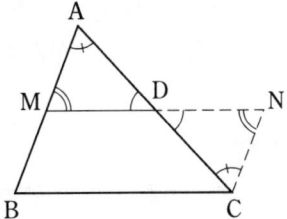

図1·9　2辺の中点を結ぶ直線

(9) 円周と弧についての復習

弧
弦
中心角
円周角

　円周の一部分を「弧」というが，弧の両端が図1·10のようにA，Bであると，この弧を$\overset{\frown}{AB}$であらわし，このAとBを結んだ線分を「弦」といい，$\overline{AB}$であらわす．また，一つの円で二つの半径が中心Oでなす角（図では∠AOB）を「**中心角**」といい，この弧の上に立って円周上の他の点Cとの間になす角（図では∠ACB）を「**円周角**」という．

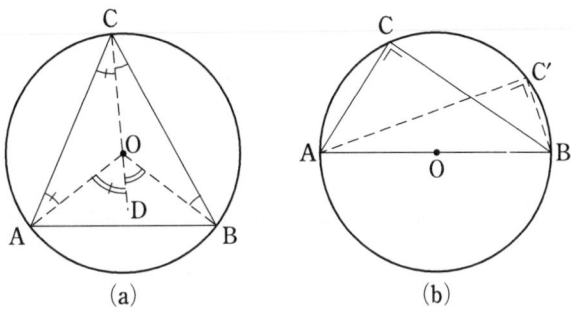

図1·10　円周角と半円角

　(a)図から明かなように中心角は円周角の2倍，あるいは円周角は中心角の2分の1になる——△BOCはOB＝OC＝半径で2等辺三角形になり，その底角は等しく，また∠BODはこの三角形の外角で，その内対角の和になるので，底角の2倍になる．∠AODについても同様に2等辺三角形△AOCの底角の和になり，結局∠AOB＝2∠ACBとなる——この関係はC点がどのように円周上を移動しても成立し，常に円周角は中心角∠AOBの1/2になるので，同じ弧の上に立つ円周角は，すべて相等しいことになる（重要）．

　さらに，(b)図のように∠AOB＝2∠RすなわちAOBが円の直径になると，この半円$\overset{\frown}{AB}$の上に立つ円周角（これを特に「**半円角**」という）は∠AOB＝2∠Rの1/2で∠Rになる．これを"半円角は常に直角である"という．このことはしばしば利用されるので特に記憶しておかれたい．

半円角

　さて，ここで次のことがらを証明して頂くことにしよう．図1·11で円周上のT点で円の接線TAと弦TBのなす角∠BTAは，$\overset{\frown}{TB}$の上に立つ円周角に等しい．——証明へ

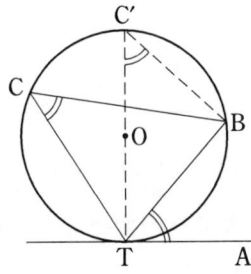

図1·11　接線と弦のなす角

のヒントを点線として与えた．ただし，C′はTと中心Oを結んだ直線の延長と円周の交点である――．この関係もよく用いることがある．

(10) 弧度法についての復習

弧度法　角を測るのに度数法の外に弧度法があった．「弧度法」では図1・12のように，一つの円でその半径の長さに等しい弧に対する中心角を角の単位としてとり，これを「1ラジアン（radian）」とした．したがって360°は$2\pi r/r = 2\pi$〔rad〕に相当し，180°はπ〔rad〕，90°は$\pi/2$〔rad〕になる．一般に弧度法であらわした角をα〔rad〕，度数法での角をδ〔°〕とすると

$$\alpha = \frac{\pi}{180}\delta, \quad \text{または} \quad \delta = \frac{180}{\pi}\alpha$$

の関係がある．

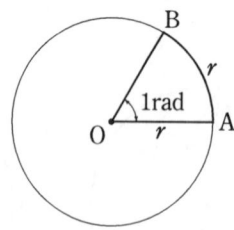

図1・12　弧度法

次に同じ角の三角関数の関係として基本になるのは

$$\sin^2\theta + \cos^2\theta = 1,$$

$$\sin\theta = \pm\sqrt{1-\cos^2\theta}$$

$$\tan\theta = \frac{\sin\theta}{\cos\theta}$$

ただし，$\cos\theta = 0.8$だと$\sin\theta = 0.6$，$\cos\theta = 0.6$だと$\sin\theta = 0.8$となることは暗記しておかれたい．

ピタゴラスの定理　であるが，これは「ピタゴラスの定理」"直角三角形で斜辺の2乗は他の各辺それぞれの2乗の和に等しい"からきている．これをもとにして

$$1 + \tan^2\theta = (1/\cos\theta)^2 = \sec^2\theta$$

$$\cos\theta = \pm\frac{1}{\sqrt{1+\tan^2\theta}}$$

などが求められる．また，特別な角の三角関数として

	0°	30°	45°	60°	90°	120°	240°
sin	0	$\frac{1}{2}$	$\frac{1}{\sqrt{2}}$	$\frac{\sqrt{3}}{2}$	1	$\frac{\sqrt{3}}{2}$	$-\frac{\sqrt{3}}{2}$
cos	1	$\frac{\sqrt{3}}{2}$	$\frac{1}{\sqrt{2}}$	$\frac{1}{2}$	0	$-\frac{1}{2}$	$-\frac{1}{2}$
tan	0	$\frac{1}{\sqrt{3}}$	1	$\sqrt{3}$	∞	$-\sqrt{3}$	$\sqrt{3}$

ただし，$\csc\theta = \frac{1}{\sin\theta}$，$\sec\theta = \frac{1}{\cos\theta}$，$\cot\theta = \frac{1}{\tan\theta}$

などは暗記しておかれたい．次に角の変換であるが，この理解が十分でないので，この際，明確にしておかれたい．

(1) $\sin(-\theta) = -\sin\theta,$ $\cos(-\theta) = \cos\theta,$ $\tan(-\theta) = -\tan\theta$

(2) $\sin(90°-\theta) = \cos\theta,$ $\cos(90°-\theta) = \sin\theta,$ $\tan(90°-\theta) = \cot\theta$

(3) $\sin(90°+\theta) = \cos\theta,$ $\cos(90°+\theta) = -\sin\theta,$ $\tan(90°+\theta) = -\cot\theta$

(4) $\sin(180°-\theta) = \sin\theta,$ $\cos(180°-\theta) = -\cos\theta,$ $\tan(180°-\theta) = -\tan\theta$

(5) $\sin(180°+\theta) = -\sin\theta,$ $\cos(180°+\theta) = -\cos\theta,$ $\tan(180°+\theta) = \tan\theta$

(6) $\sin(270°-\theta) = -\cos\theta,$ $\cos(270°-\theta) = -\sin\theta,$ $\tan(270°-\theta) = \cot\theta$

(7) $\sin(270°+\theta) = -\cos\theta,$ $\cos(270°+\theta) = \sin\theta,$ $\tan(270°+\theta) = -\cot\theta$

(8) $\sin(360°-\theta) = -\sin\theta,$ $\cos(360°-\theta) = \cos\theta,$ $\tan(360°-\theta) = -\tan\theta$

(9) $\sin\{90°\times(2n+1)\pm\theta\} = (-1)^n \cos\theta$, $\cos\{90°\times(2n+1)\pm\theta\} = \mp(-1)^n \sin\theta$

(10) $\sin(180°\times n\pm\theta) = \pm(-1)^n \sin\theta$, $\cos(180°\times n\pm\theta) = (-1)^n \cos\theta$

これらの公式を応用して，たとえば

$$\sin(\omega t - 90°) = \sin\{-(90° - \omega t)\} = -\sin(90° - \omega t) = -\cos\omega t$$

$$\sin(\omega t - 120°) = \sin[-\{180° - (\omega t + 60°)\}] = -\sin(\omega t + 60°)$$

というように角の変換ができる．

加法定理　次に三角関数の基礎公式としては「**加法定理**」

$$\sin(A \pm B) = \sin A \cos B \pm \cos A \sin B$$

$$\cos(A \pm B) = \cos A \cos B \mp \sin A \sin B$$

$$\tan(A \pm B) = \frac{\tan A \pm \tan B}{1 \mp \tan A \tan B}$$

ただし，上記のtanの式は上の二つから算出できる．

上2式さえ知っておれば大低の式を算出することができる．例えば，「倍角の公式として」，sin2Aは上記で$B = A$とおけばよく，

$$\sin 2A = \sin(A + A) = 2\sin A \cos A$$

積の公式　になり，「**積の公式**」も加法定理から

$$\sin A \cos B = \frac{1}{2}\{\sin(A+B) + \sin(A-B)\}$$

$$\sin A \sin B = \frac{1}{2}\{\cos(A-B) - \cos(A+B)\} \quad \text{（重要）}$$

$$\cos A \sin B = \frac{1}{2}\{\sin(A+B) - \sin(A-B)\}$$

$$\cos A \cos B = \frac{1}{2}\{\cos(A-B) + \cos(A+B)\}$$

などが求められ，これらの式で

$A + B = C,\ A - B = D,$ とおくと $A = \dfrac{C+D}{2},\ B = \dfrac{C-D}{2}$ になり

$$\sin C + \sin D = 2\sin\frac{C+D}{2}\cos\frac{C-D}{2}$$

$$\sin C - \sin D = 2\cos\frac{C+D}{2}\sin\frac{C-D}{2}$$

$$\cos C + \cos D = 2\cos\frac{C+D}{2}\cos\frac{C-D}{2}$$

$$\cos C - \cos D = -2\sin\frac{C+D}{2}\sin\frac{C-D}{2}$$

などの三角関数の和（差）の公式でえられる．

ここで上記の応用として次の各問を証明してみられよ．
(1) $\sqrt{2}\sin(\omega t + 45°) = \sin\omega t + \cos\omega t$
(2) 自己インダクタンスまたは静電容量に $e = E_m \sin\omega t$（ただし，$\omega = 2\pi f$）なる電圧を与えたとき，電力は2倍周波の正弦波になる．
(3) 単相交流回路の電力は一定電力と2倍周波の正弦波電力の合成である．
(4) 対称3相交流の瞬時値の和は常に零である．
(5) 対称2相，3相，6相，12相回路の全電力の瞬時値は一定値になる．

最後に余弦法則と正弦法則をかかげておこう．図1・13の任意の△ABCの頂点Aから対辺BCに下した垂線をADとすると

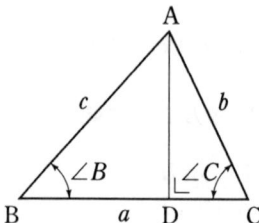

図1・13　余弦法則

$$BC = BD + DC = a$$
$$BD = AB\cos B = c\cos B$$
$$DC = AC\cos C = b\cos C$$
$$\therefore\quad a = c\cos B + b\cos C \tag{1}$$
同様に
$$b = c\cos A + a\cos C \tag{2}$$
$$c = a\cos B + b\cos A \tag{3}$$

第一余弦法則　この関係を「**第一余弦法則**」という．この(1)式の両辺に a を，(2)式の両辺に b，(3)式の両辺に c を乗ずると

$$a^2 = ac\cos B + ab\cos C \tag{1}'$$
$$b^2 = bc\cos A + ab\cos C \tag{2}'$$
$$c^2 = ac\cos B + bc\cos A \tag{3}'$$

がえられる，この(2)'式に(3)'式を加え(1)'式を引くと
$$b^2 + c^2 - a^2 = 2bc\cos A$$
$$\therefore\quad a^2 = b^2 + c^2 - 2bc\cos A \tag{4}$$
同様に
$$b^2 = c^2 + a^2 - 2ca\cos B \tag{5}$$
$$c^2 = a^2 + b^2 - 2ab\cos C \tag{6}$$

これらの式によると三角形の2辺とその夾角の大きさが分ると第3辺が求められる．また，3辺の大きさが分ると

$$\cos A = \frac{b^2 + c^2 - a^2}{2bc} \tag{7}$$

$$\cos B = \frac{c^2 + a^2 - b^2}{2ca} \tag{8}$$

$$\cos C = \frac{a^2 + b^2 - c^2}{2ab} \tag{9}$$

第二余弦法則 によって3つの内角が求められる．これを「**第二余弦法則**」といって，交流回路のベクトル計算などにしばしば活用されている．また，図1・14において，△ABCの外

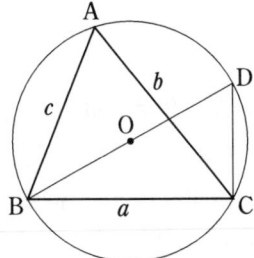

図 1・14 正弦法則

接円を画いて，その中心をOとし，BOを結んで延長し円周との交点をDとし，DとCを結ぶ．∠Aと∠Dは同一の弦BCの上に立つ円周角で相等しい．また，∠BCDは半円角だから直角になり，

$$a = \mathrm{BC} = \mathrm{BD}\sin D = \mathrm{BD}\sin A$$

この外接円の半径をrとすると$\mathrm{BD} = 2r$になり

$$a = 2r\sin A, \quad \frac{a}{\sin A} = 2r$$

同様にAO，COを結んで$b = 2r\sin B$および$c = 2r\sin C$が求められるので

$$\frac{a}{\sin A} = \frac{b}{\sin B} = \frac{c}{\sin C} = 2r$$

正弦法則 なる関係がえられる．この辺と内角の正弦の比例関係を「**正弦法則**」といい，交流回路のベクトル計算や電柱支線などの張力計算に用いられる．

以上の応用として次の問題を解いてみられよ．

(1) 一つのコイルに抵抗を直列として，これに正弦波交流電圧60 Vを加えると，コイルの電圧降下は40 V，抵抗の電圧降下は30 Vであるという．コイルの力率を求めよ．

(答　$\cos\varphi = 0.4575$)

(2) 大地は対してδなる傾斜を有する本柱とθ角をなす支線がある．本柱にかかる水平張力がT〔kg〕のとき支線にかかる張力を計算せよ．

(答　$T_s = T\sin\delta/\sin\theta$)

(3) 3相3線式回路の各線の電流計の指示が$I_1 = 10$ A，$I_2 = 10\sqrt{3}$ A，$I_3 = 20$ A，3相電力計の指示2kWであるときの各相の力率は何程か．

(答　$\cos\varphi_1 = \frac{\sqrt{3}}{2}$, $\cos\varphi_2 = \frac{1}{2}$, $\cos\varphi_3 = \frac{\sqrt{3}}{2}$)

2　行列式と電気回路網

2・1　行列式のはじまり

　複雑な電気回路網において，例えば電圧分布を与えて電流分布を求める場合，キルヒホッフの法則により未知電流に関する多元1次連立方程式がえられ，これを解くには代入法とか消去法などを用いるが，計算がやっかいで誤りやすい．ところが，このような多元1次連立方程式を解くのに行列式の手法を用いると全く機械的に解くことができる．

行列式　　この**行列式**を発明したのは，英国のニュートン（Newton；1642〜1727）と微積分学の発見を争ったライプニッツ（Leibniz；1646〜1716）──もっともこの論争はド・モルガンの研究によって，ニュートンもライプニッツもそれぞれ独立に微積分学を発見したのだが，ニュートンの方が時間的に少し早かったという判定が下されている──であると一般に云われている．しかし彼は3元1次連立方程式の解法に行列式らしきものを用いたに過ぎず，真の行列式とは云えないものであった．

　ところが我が国で算聖と仰がれた関孝和（1642〜1708）はその著書「解伏題の法」（1683年）で行列式を行列式として取扱いその理論はきわめて進歩したもので，正しくいうと行列式の発見者は日本の関孝和だと云ってよい．さらに彼は微積分学の一端を着想し，彼の二項定理はニュートンの二項定理に比して遜色なく，今日ホーナーの方法として知られている実係数の数字方程式を解く方法は彼の方が先に発見しているなど世界的な数学者であった．

2・2　電気回路網解析への行列式の応用

網目電流法　　まず，図2・1のように起電力E_1，E_2をふくむ電気回路網の各部の抵抗がr_1，r_2，r_3およびR_1，R_2である場合の電流分布を求めるのに，**網目電流法**（Loop−current Method）によって未知電流の数だけの重り合うことの少ない閉回路をとり，各閉路について図のように還流する電流I_1，I_2を仮定し，起電力と電流の正方向を何れも時計方向にとると，キルヒホッフの法則によって未知電流の数だけの独立した──他の方程式から導出できない──方程式がえられる．この場合は

$$(r_1+R_1)I_1+r_3(I_1-I_2)=E_1$$
$$-r_3(I_1-I_2)+(R_2+r_2)I_2=E_2$$

2・2 電気回路網解析への行列式の応用

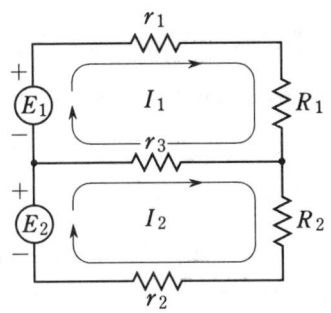

図 2・1 網目電流法

注： 上記のように，一般に等式の左辺に未知なものを，右辺に既知なものを書く．また，一つの量が原因になって他の量が結果となるとき，結果を左辺に原因を右辺に書く．例えば，抵抗 R に電圧 E を加えて電流 I が流れたときは $I = E/R$ であり，抵抗 R に電流 I が流れ電圧降下 E_R を生じたときは $E_R = IR$ と書く．この約束を守らないと等式のもつ物理的な意義があいまいになる．

上式を I_1, I_2 について整理すると，

$$(R_1 + r_1 + r_3) I_1 \qquad - r_3 I_2 = E_1$$
$$-r_3 I_1 + (R_2 + r_2 + r_3) I_2 = E_2 \tag{2・1}$$

これは明らかに2元1次連立方程式であって，これを一般的に書くと

$$a_1 x + b_1 y = c_1$$
$$a_2 x + b_2 y = c_2 \tag{2・2}$$

ただし， $a_1 b_2 - b_1 a_2 \neq 0$

となり，何れかの式から y（または x）の値を x（または y）であらわし他の式に代入する代入法によって x（または y）の値が求められるが，上式の両辺に b_2（または a_2）を下式の両辺に b_1（または a_1）を乗じて辺々を引くと， y（または x）が消去されて x（または y）が求められる．

$$x = \frac{c_1 b_2 - b_1 c_2}{a_1 b_2 - b_1 a_2} \qquad y = \frac{a_1 c_2 - c_1 a_2}{a_1 b_2 - b_1 a_2} \tag{2・3}$$

となる．この分母子を

$$a_1 b_2 - b_1 a_2 = \begin{vmatrix} a_1 & b_1 \\ a_2 & b_2 \end{vmatrix}$$

$$c_1 b_2 - b_1 c_2 = \begin{vmatrix} c_1 & b_1 \\ c_2 & b_2 \end{vmatrix}$$

$$a_1 c_2 - c_1 a_2 = \begin{vmatrix} a_1 & c_1 \\ a_2 & c_2 \end{vmatrix} \tag{2・4}$$

と記することにすると，上式の解は

$$x = \frac{\begin{vmatrix} c_1 & b_1 \\ c_2 & b_2 \end{vmatrix}}{\begin{vmatrix} a_1 & b_1 \\ a_2 & b_2 \end{vmatrix}} \qquad y = \frac{\begin{vmatrix} a_1 & c_1 \\ a_2 & c_2 \end{vmatrix}}{\begin{vmatrix} a_1 & b_1 \\ a_2 & b_2 \end{vmatrix}} \tag{2・5}$$

2 行列式と電気回路網

によって与えられる．一般に四つの数 a_1, a_2, b_1, b_2 からつくられた $\begin{vmatrix} a_1 & b_1 \\ a_2 & b_2 \end{vmatrix}$ のような形を2次の**行列式**（Determinant；ディターミナント）と云い，おのおのの数を**元**（げん），横列を**行**（ぎょう）といい上から下へ1行，2行と数え，縦列を**列**（れつ）といい，左から右へ1列，2列と教える．

> 行列式
> 元，行，列
> 展開式

また，これに対して $(a_1 b_2 - b_1 a_2)$ を行列式の「**展開式**（てんかいしき）」という．

上記から明かなように，$(2\cdot 2)$ 式のような2元1次連立方程式の未知数 x, y を求めるには，分母は何れも x, y の係数を用いて $\begin{vmatrix} a_1 & b_1 \\ a_2 & b_2 \end{vmatrix}$ の行列式とし，x の分子は x の係数の代りに右辺の既知数をもってきて $\begin{vmatrix} c_1 & b_1 \\ c_2 & b_2 \end{vmatrix}$ とし，同様に y の分子は y の係数の代りに右辺の既知数をもってきて $\begin{vmatrix} a_1 & c_1 \\ a_2 & c_2 \end{vmatrix}$ とすればよい．今これらを

$$\Delta = \begin{vmatrix} a_1 & b_1 \\ a_2 & b_2 \end{vmatrix}$$

$$\Delta_x = \begin{vmatrix} c_1 & b_1 \\ c_2 & b_2 \end{vmatrix}$$

$$\Delta_y = \begin{vmatrix} a_1 & c_1 \\ a_2 & c_2 \end{vmatrix}$$

と書くと

$$x = \frac{\Delta_x}{\Delta}, \quad y = \frac{\Delta_y}{\Delta} \qquad (2\cdot 6)$$

ただし，Δ は δ の大文字でデルタと読む．

と簡単に記すことができる．

さて，これらの行列式を展開するには $(2\cdot 4)$ 式から明かなように，左から右へ斜め下に切り下げた積（例えば $a_1 b_2$）を正とし，右から左へ斜め下に切り下げた積（例えば $b_1 a_2$）を負として，両者の代数和をとればよい．

なお，元の積も元の符号に応じて代数的な積をとる．この行列式の手法を $(2\cdot 1)$ 式に適用し——x, y を I_1, I_2 と，c_1, c_2 を E_1, E_2 と考え——て I_1, I_2 を求めると次のようになる．

$$I_1 = \frac{\begin{vmatrix} E_1 & -r_3 \\ E_2 & (R_2+r_2+r_3) \end{vmatrix}}{\begin{vmatrix} (R_1+r_1+r_3) & -r_3 \\ -r_3 & (R_2+r_2+r_3) \end{vmatrix}} = \frac{E_1(R_2+r_2+r_3) + E_2 r_3}{(R_1+r_1+r_3)(R_2+r_2+r_3) - r_3^2}$$

$$I_2 = \frac{\begin{vmatrix} (R_1+r_1+r_3) & E_1 \\ -r_3 & E_2 \end{vmatrix}}{\begin{vmatrix} (R_1+r_1+r_3) & -r_3 \\ -r_3 & (R_2+r_2+r_3) \end{vmatrix}} = \frac{E_2(R_1+r_1+r_3) + E_1 r_3}{(R_1+r_1+r_3)(R_2+r_2+r_3) - r_3^2}$$

以上は2元1次連立方程式の解き方であったが，次のような3元1次連立方程式に対しても，上述したことから，容易にその解き方が次のように類推できる．

$$a_1 x + b_1 y + c_1 z = d_1$$
$$a_2 x + b_2 y + c_2 z = d_2 \quad (2\cdot 7)$$
$$a_3 x + b_3 y + c_3 z = d_3$$

この場合の Δ, Δ_x, Δ_y, Δ_z はそれぞれ

$$\Delta = \begin{vmatrix} a_1 & b_1 & c_1 \\ a_2 & b_2 & c_2 \\ a_3 & b_3 & c_3 \end{vmatrix}$$

$$\Delta_x = \begin{vmatrix} d_1 & b_1 & c_1 \\ d_2 & b_2 & c_2 \\ d_3 & b_3 & c_3 \end{vmatrix}$$

$$\Delta_y = \begin{vmatrix} a_1 & d_1 & c_1 \\ a_2 & d_2 & c_2 \\ a_3 & d_3 & c_3 \end{vmatrix} \quad (2\cdot 8)$$

$$\Delta_z = \begin{vmatrix} a_1 & b_1 & d_1 \\ a_2 & b_2 & d_2 \\ a_3 & b_3 & d_3 \end{vmatrix}$$

となるので x, y, z は次のように求められる．

$$x = \frac{\Delta_x}{\Delta}, \quad y = \frac{\Delta_y}{\Delta}, \quad z = \frac{\Delta_z}{\Delta} \quad (2\cdot 9)$$

この3次の行列式の展開式は2次の場合を拡張して図2·2に示すように，各項が三つの元の積となり，＋の項は (a) のように，－の項は (b) のようにとるので，例えば Δ の展開式は図から

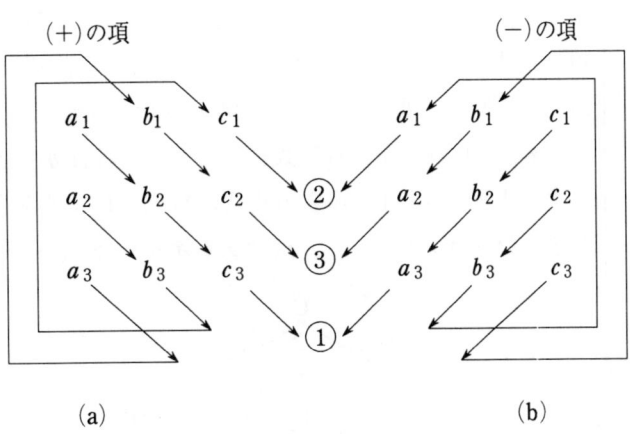

図2·2 展開の仕方

$$\Delta = \begin{vmatrix} a_1 & b_1 & c_1 \\ a_2 & b_2 & c_2 \\ a_3 & b_3 & c_3 \end{vmatrix} = a_1 b_2 c_3 + a_2 b_3 c_1 + a_3 b_1 c_2 - c_1 b_2 a_3 - c_2 b_3 a_1 - c_3 b_1 a_2 \quad (2\cdot 10)$$

となり，他の Δ_x, Δ_y, Δ_z の展開式もこれと同様に定められる．

このようにして求めた結果の正しいことは，(2·7) 式の第1式の両辺に1，第2式の両辺に p，第3式の両辺に q を乗じて，それぞれの辺を加え合わすと，

$$(a_1 + a_2 p + a_3 q) x + (b_1 + b_2 p + b_3 q) y + (c_1 + c_2 p + c_3 q) z = d_1 + d_2 p + d_3 q$$

ここで
$$b_1 + b_2 p + b_3 q = 0 \quad c_1 + c_2 p + c_3 q = 0$$
すなわち
$$b_2 p + b_3 q = -b_1 \quad c_2 p + c_3 q = -c_1$$
これを解いて

$$p = \frac{\begin{vmatrix} -b_1 & b_3 \\ -c_1 & c_3 \end{vmatrix}}{\begin{vmatrix} b_2 & b_3 \\ c_2 & c_3 \end{vmatrix}} = \frac{b_3 c_1 - b_1 c_3}{b_2 c_3 - b_3 c_2}$$

$$q = \frac{\begin{vmatrix} b_2 & -b_1 \\ c_2 & -c_1 \end{vmatrix}}{\begin{vmatrix} b_2 & b_3 \\ c_2 & c_3 \end{vmatrix}} = \frac{b_1 c_2 - b_2 c_1}{b_2 c_3 - b_3 c_2}$$

とすると，y, z の項が消えて x が次のように求められる．

$$\{a_1(b_2 c_3 - b_3 c_2) + a_2(b_3 c_1 - b_1 c_3) + a_3(b_1 c_2 - b_2 c_1)\}x$$
$$= d_1(b_2 c_3 - b_3 c_2) + d_2(b_3 c_1 - b_1 c_3) + d_3(b_1 c_2 - b_2 c_1)$$

$$x = \frac{d_1(b_2 c_3 - b_3 c_2) + d_2(b_3 c_1 - b_1 c_3) + d_3(b_1 c_2 - b_2 c_1)}{a_1(b_2 c_3 - b_3 c_2) + a_2(b_3 c_1 - b_1 c_3) + a_3(b_1 c_2 - b_2 c_1)} \tag{2・11}$$

同様な手法で y, z もこれと相似な形で求められる．この x の分母を展開すると (2・10) 式の Δ の展開式と一致し，分子を展開すると (2・8) 式の Δ_x の展開式と一致して上記の行列式による解き方の正しいことが分る．

なお，(2・7) 式の第1式の両辺に b_2 を第2式の両辺に b_1 乗じて辺々を差引くと y の項の消去された式がえられる．次に第2式の両辺に b_3 を第3式の両辺に b_2 を乗じて辺々を差引くと同様に y の項の消去された式がえられる．これと上式から z を消去すると x がえられるが，行列式によるとこの操作が自動的に行われることになる．

次に上記の3元1次連立方程式の行列式による解き方を応用して，**図2・3** のように各辺の抵抗が r_1, r_2, r_3, r_4 である**ホイートストン・ブリッジ**において検流計Gの

ホイートストン・ブリッジ

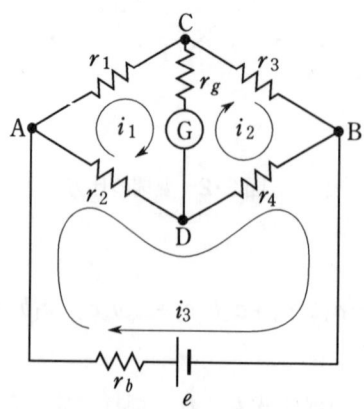

図2・3 ホイートストン・ブリッジ

電流の変化の状況を考察してみよう．ただし，検流計の内部抵抗を r_g, 電池の起電力を e, その内部抵抗を r_b とする．まず各閉路ごとの網目電流を図のように i_1, i_2, i_3 と定めると，

(ACBA閉路) $r_1 i_1 + r_3 i_2 + r_b i_3 = e$
(ACDA 〃) $r_1 i_1 + r_g (i_1 - i_2) + r_2 (i_1 - i_3) = 0$
(CBDC 〃) $r_3 i_2 + r_4 (i_2 - i_3) - r_g (i_1 - i_2) = 0$

注： なるべく係数の簡単な閉回路をとり，右辺は0の項を多くする．ACBDAの閉回路は上式の第2式と第3式を加えてえられ，独立した方程式にならない．

これを i_1, i_2, i_3 について整理すると

$r_1 i_1 + r_3 i_2 + r_b i_3 = e$
$R_1 i_1 - r_g i_2 - r_2 i_3 = 0$
$-r_g i_1 + R_2 i_2 - r_4 i_3 = 0$

ただし，$R_1 = r_1 + r_2 + r_g$, $R_2 = r_3 + r_4 + r_g$.

これに (2·8) 式を用いると

$$\Delta = \begin{vmatrix} r_1 & r_3 & r_b \\ R_1 & -r_g & -r_2 \\ -r_g & R_2 & -r_4 \end{vmatrix} = r_1 r_g r_4 + R_1 R_2 r_b + r_g r_3 r_2 - r_b r_g^2 + r_2 R_2 r_1 + r_4 r_3 R_1$$

$$= r_1 r_2 r_3 + r_2 r_3 r_4 + r_3 r_4 r_1 + r_4 r_1 r_2 + (r_1 + r_2)(r_3 + r_4) r_b + \{(r_1 + r_2 + r_3 + r_4) r_b + (r_1 r_2 + r_2 r_3 + r_3 r_4 + r_4 r_1)\} r_g$$

$$\Delta_1 = \begin{vmatrix} e & r_3 & r_b \\ 0 & -r_g & -r_2 \\ 0 & R_2 & -r_4 \end{vmatrix} = (r_g r_4 + r_2 R_2) e = \{r_2 r_3 + r_2 r_4 + (r_2 + r_4) r_g\} e$$

$$\Delta_2 = \begin{vmatrix} r_1 & e & r_b \\ R_1 & 0 & -r_2 \\ -r_g & 0 & -r_4 \end{vmatrix} = (r_g r_2 + r_4 R_1) e = \{r_1 r_4 + r_2 r_4 + (r_2 + r_4) r_g\} e$$

$$\Delta_3 = \begin{vmatrix} r_1 & r_3 & e \\ R_1 & -r_g & 0 \\ -r_g & R_2 & 0 \end{vmatrix} = (R_1 R_2 - r_g^2) e = \{(r_1 + r_2)(r_3 + r_4) + (r_1 + r_2 + r_3 + r_4) r_g\} e$$

上記から $i_1 = \dfrac{\Delta_1}{\Delta}$, $i_2 = \dfrac{\Delta_2}{\Delta}$, $i = \dfrac{\Delta_3}{\Delta}$ として求められ，各部分の電流分布も自から定まる．

また，検流計に流れる電流 i_g の正方向をCからDの方向にとると

$$i_g = i_1 - i_2 = \frac{(r_2 r_3 - r_1 r_4) e}{\Delta}$$

によって求められるので

$r_2 r_3 > r_1 r_4$ の場合； i_g は正方向に流れ，$r_2 r_3$ が $r_1 r_4$ に比して大きいほど電流は大きくなる．

$r_2 r_3 = r_1 r_4$ の場合；すなわち対応辺の抵抗の積が等しくなると $i_g = 0$ で，ブリッジは平衡状態になる．

$r_2 r_3 < r_1 r_4$ の場合； i_g は負方向になり，$r_1 r_4$ が $r_2 r_3$ に比して大きいほど電流は大きくなる．

注： 交流ブリッジの各辺のインピーダンスを複素数であらわして，$\dot{Z}_1, \dot{Z}_2, \dot{Z}_3, \dot{Z}_4$ とすると上記の抵抗と全く同じに取扱って計算できる．

その結果としての $\dot{I}_g$ の値も平衡状件 $(\dot{Z}_2 \dot{Z}_3 = \dot{Z}_1 \dot{Z}_4)$ も同じ形になる．

2·3　行列式の主要な性質

知っておれば計算上に便利な行列式に関する主要な性質を補足しておこう．さて，n 次の行列式の一般的な形は

$$\Delta = \begin{vmatrix} k_{11} & k_{12} & k_{13} & \cdots\cdots & k_{1n} \\ k_{21} & k_{22} & k_{23} & \cdots\cdots & k_{2n} \\ k_{31} & k_{32} & k_{33} & \cdots\cdots & k_{3n} \\ \vdots & \vdots & \vdots & & \vdots \\ k_{n1} & k_{n2} & k_{n3} & \cdots\cdots & k_{nn} \end{vmatrix}$$

というようになって，必ず行数と列数が等しく——未知数に等しい数だけの独立した方程式がある——，一定の数値を持っている．例えば

$$\Delta = \begin{vmatrix} -3 & 1 & -7 \\ 0 & 2 & 6 \\ 5 & -12 & 4 \end{vmatrix} = (-3) \times 2 \times 4 + 0 \times (-12) \times (-7) + 5 \times 1 \times 6$$

$$- (-7) \times 2 \times 5 - 6 \times (-12) \times (-3) - 4 \times 1 \times 0$$

$$= -24 + 30 + 70 - 216 = -140$$

これに対して，例えば次のように

$$\begin{pmatrix} 1 & 8 & 0 & -2 \\ -3 & 7 & -5 & 6 \\ 9 & 0 & 3 & 4 \end{pmatrix} \quad \begin{pmatrix} z_{11} & z_{12} & \cdots\cdots & z_{1n} \\ z_{21} & z_{22} & \cdots\cdots & z_{2n} \\ \vdots & \vdots & & \vdots \\ z_{m1} & z_{m2} & \cdots\cdots & z_{mn} \end{pmatrix}$$

行数と列数がちがっていて，3章で述べるように，それ自体は性格も数値も持たず他の同様なものがくっついたり，等式ができるとその意味が自から定ってくるものを単に「**行列**」(Matrix；マトリクス)という——この場合，行数と列数の相等しいものを特に「**正方行列**」(正方マトリクス)と称する——この行列式と行列（マトリクス）を特に区別する場合は，行列式ではその両側を直線でかこむのに対し，行列ではその両側を大括弧でかこんでいる．

　行列
　正方行列

次に行列式の主なる性質について述べよう．

〔1〕 $|a_{kj}| = |a_{jk}|$ となること

　転置行列式

ある行列式からその行と列を入れ変えてつくった行列式をもとの行列式の「**転置行列式**」という．

例えば $\begin{vmatrix} a_1 & b_1 & c_1 \\ a_2 & b_2 & c_2 \\ a_3 & b_3 & c_3 \end{vmatrix}$ と $\begin{vmatrix} a_1 & a_2 & a_3 \\ b_1 & b_2 & b_3 \\ c_1 & c_2 & c_3 \end{vmatrix}$ は

互いに転置行列式であって，行列式 $|a_{kj}|$ の転置行列式は $|a_{jk}|$ であらわされ，そ

2·3 行列式の主要な性質

れぞれの展開式を作ってくらべると明らかなように $|a_{kj}| = |a_{jk}|$ になる.

共通因数　〔2〕共通因数でくくれること

行列式の一つの行（または一つの列）のおのおの元に同一の数 k をかけてえられる行列式の値は，もとの行列式の値に k をかけたものに等しい．

例えば，$\begin{vmatrix} ka_1 & kb_1 & kc_1 \\ a_2 & b_2 & c_2 \\ a_3 & b_3 & c_3 \end{vmatrix} = \begin{vmatrix} a_1 & kb_1 & c_1 \\ a_2 & kb_2 & c_2 \\ a_3 & kb_3 & c_3 \end{vmatrix} = k \begin{vmatrix} a_1 & b_1 & c_1 \\ a_2 & b_2 & c_2 \\ a_3 & b_3 & c_3 \end{vmatrix}$

こうなることは，それぞれの展開式を作ってくらべると自から明かであって，このことから，「行列式の一つの行（または列）のすべての元が0であると，その行列式の値は0である」ことも自から明かである．また，このことは次のように云い直すことができる．

「行列式中の行または列の中にくくり出すことのできる共通因数があるときは，これを行列式の外にくくり出すことができる」

このことを応用すると，例えば次例のように計算が簡単になる．

$\begin{vmatrix} -2 & 5 & 4 \\ 6 & -9 & 12 \\ 8 & 0 & -7 \end{vmatrix} = 2\begin{vmatrix} -1 & 5 & 4 \\ 3 & -9 & 12 \\ 4 & 0 & -7 \end{vmatrix} = 2\times 3\begin{vmatrix} -1 & 5 & 4 \\ 1 & -3 & 4 \\ 4 & 0 & -7 \end{vmatrix}$
$= 2\times 3\times(-21+80+48+35) = 852$

〔3〕一つの行列式を行列式の和（差）であらわすこと

行列式の一つの行（または一つの列）のすべての元が二つの数の和（差）であるとき，その行列式は二つの行列式の和（差）としてあらわされる．

例えば，$\begin{vmatrix} a_1 \pm a_1' & b_1 \pm b_1' & c_1 \pm c_1' \\ a_2 & b_2 & c_2 \\ a_3 & b_3 & c_3 \end{vmatrix} = \begin{vmatrix} a_1 & b_1 & c_1 \\ a_2 & b_2 & c_2 \\ a_3 & b_3 & c_3 \end{vmatrix} \pm \begin{vmatrix} a_1' & b_1' & c_1' \\ a_2 & b_2 & c_2 \\ a_3 & b_3 & c_3 \end{vmatrix}$

これも展開式を作って見ると自から明らかである．

〔4〕二つの行（列）を入れかえると符号の変わること

行列式の二つの行（または二つの列）の元を入れかえた行列式はもとの行列式の符号を変えたものに等しい．

例えば，$\begin{vmatrix} a_1 & b_1 & c_1 \\ a_2 & b_2 & c_2 \\ a_3 & b_3 & c_3 \end{vmatrix} = -\begin{vmatrix} a_3 & b_3 & c_3 \\ a_2 & b_2 & c_2 \\ a_1 & b_1 & c_1 \end{vmatrix} = -\begin{vmatrix} b_1 & a_1 & c_1 \\ b_2 & a_2 & c_2 \\ b_3 & a_3 & c_3 \end{vmatrix}$

これも展開式を作って見ると自から理解できる．

0行列　〔5〕その値が0となる行列式は？

行列式で元のすべてが0であると行列式の値は0になる．そうでなくとも二つの行（または一つの列）の元がすべて0であると行列式の値は0になる．また，

「行列式の二つの行（または二つの列）の対応する元が等しいとき，その行列式の値は0である」

2 行列式と電気回路網

例えば， $\Delta = \begin{vmatrix} a_1 & b_1 & a_1 \\ a_2 & b_2 & a_2 \\ a_3 & b_3 & a_3 \end{vmatrix} = - \begin{vmatrix} a_1 & b_1 & a_1 \\ a_2 & b_2 & a_2 \\ a_3 & b_3 & a_3 \end{vmatrix} = -\Delta$

（〔4〕による）

$$2\Delta = \Delta + \Delta = \Delta + (-\Delta) = 0 \quad \therefore \Delta = 0$$

となるが展開式を作ってみると自から明かである．また，このことから

「行列式の任意の二つの行（または二つの列）が比例すると行列式の値は0になる」

何故なら $\begin{vmatrix} a_1 & b_1 & c_1 \\ ka_1 & kb_1 & kc_1 \\ a_3 & b_3 & c_3 \end{vmatrix} = k \begin{vmatrix} a_1 & b_1 & c_1 \\ a_1 & b_1 & c_1 \\ a_3 & b_3 & c_3 \end{vmatrix} = k \times 0 = 0$

〔6〕一つの行（列）に同一数を掛けて他の行（列）に加えても行列式の値の変わらないこと

行列式の一つの行（または一つの列）に同一の数を掛けて，これを他の行（または列）の対応する元に加えても引いても行列式の値は変わらない．

例えば， $\begin{vmatrix} a_1 \pm ka_3 & b_1 \pm kb_3 & c_1 \pm kc_3 \\ a_2 & b_2 & c_2 \\ a_3 & b_3 & c_3 \end{vmatrix} = \begin{vmatrix} a_1 & b_1 & c_1 \\ a_2 & b_2 & c_2 \\ a_3 & b_3 & c_3 \end{vmatrix} \pm k \begin{vmatrix} a_3 & b_3 & c_3 \\ a_2 & b_2 & c_2 \\ a_3 & b_3 & c_3 \end{vmatrix} = \begin{vmatrix} a_1 & b_1 & c_1 \\ a_2 & b_2 & c_2 \\ a_3 & b_3 & c_3 \end{vmatrix}$

このことを応用して行列式の元にできるだけ多くの0をふくむように工夫すると展開が容易になる．

例えば，次の例は第1行を2倍して第2行に加え，次いで第1行を-3倍して第3行に加えて0の元を多くして計算の簡便化をはかった．

$$\begin{vmatrix} -2 & 1 & 1 \\ 4 & 5 & 3 \\ -6 & 3 & 7 \end{vmatrix} = \begin{vmatrix} -2 & 1 & 1 \\ 0 & 7 & 5 \\ -6 & 3 & 7 \end{vmatrix} = \begin{vmatrix} -2 & 1 & 1 \\ 0 & 7 & 5 \\ 0 & 0 & 4 \end{vmatrix} = -2 \times 7 \times 4 = -56$$

2・4 行列式の応用例題

【例題1】 図2・4のように抵抗 $r_1 = 0.25\,\Omega$, $r_2 = 0.2\,\Omega$, $r_3 = 0.3\,\Omega$, 起電力 $e_1 = 6\,\text{V}$, $e_2 = 2.6\,\text{V}$ からなる回路の電流分布を定めよ．

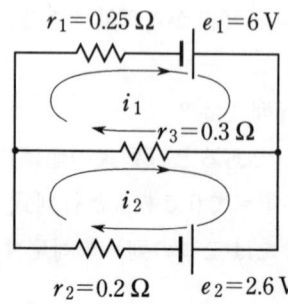

図2・4 網目電流法

2・4 行列式の応用例題

【解答】 上，下の二つの閉回路の電流を i_1, i_2 と仮定すると次の関係式がえられる．
$$0.25i_1 + 0.3(i_1 - i_2) = 6$$
$$-0.3(i_1 - i_2) + 0.2i_2 = -2.6$$

まず注意せねばならないことは，この最初の方程式を正しく立てることで，これが誤っていると，いくら行列式を応用しても正解がえられない．上記では i_1, i_2 の何れも時計方向を正としたので，この方向の電圧降下や起電力は何れも正であるが，第2の式で $(i_1 - i_2)$ は i_2 と反対方向で，その電圧降下は負になる．これを i_2 の方向を正とするには $0.3(i_2 - i_1)$ とせねばならぬ．また，e_2 も i_2 の方向と反対で負値になる．さて，上式を i_1, i_2 について整理すると，
$$0.55i_1 - 0.3i_2 = 6$$
$$-0.3i_1 + 0.5i_2 = -2.6$$
となるので既述したように

$$\Delta = \begin{vmatrix} 0.55 & -0.3 \\ -0.3 & 0.5 \end{vmatrix} = 0.55 \times 0.5 - (-0.3) \times (-0.3) = 0.185$$

$$\Delta_1 = \begin{vmatrix} 6 & -0.3 \\ -2.6 & 0.5 \end{vmatrix} = 6 \times 0.5 - (-0.3) \times (-2.6) = 2.22$$

$$\Delta_2 = \begin{vmatrix} 0.55 & 6 \\ -0.3 & -2.6 \end{vmatrix} = 0.55 \times (-2.6) - 6 \times (-0.3) = 0.37$$

$$\therefore \quad i_1 = \frac{\Delta_1}{\Delta} = \frac{2.22}{0.185} = 12\text{A} \qquad i_2 = \frac{\Delta_2}{\Delta} = \frac{0.37}{0.185} = 2\text{A}$$

になるので，e_1 からの流入電流は 12 A，r_3 の電流は $i_1 - i_2 = 12 - 2 = 10$ A，e_2 への流入電流は 2 A となる．

【例題2】 図2・5のように各部の抵抗 r_1, r_2, r_3, r_4, R_1, R_2 および起電力 e_1, e_2 からなる回路網の電流分布を求めよ．

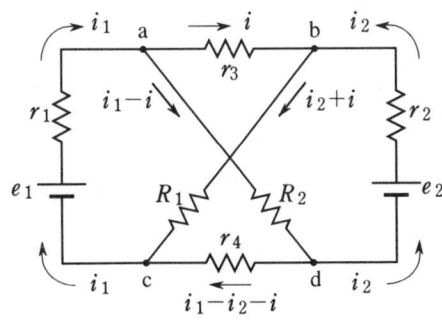

図2・5 電流分布仮定法

【解答】 本問は網目の構成が複雑で，その重ね合せを誤りやすい懸念があるので，**電流分布仮定法**を用いる．まず，e_1, e_2 から流出する電流を i_1, i_2，r_3 を a から b に流れる電流を i とすると図のようになり，c 点では e_1 に i_1 が流入せねばならないので，r_4 を d から c に向う電流を i_4 と仮定すると，
$$i_1 = i_2 + i + i_4 \quad \therefore \quad i_4 = i_1 - i_2 - i$$
d 点で e_2 に帰る電流は
$$i_1 - i - i_4 = i_1 - i - i_1 + i_2 + i = i_2$$

電流分布仮定法

となって正しい．結局，未知電流はi_1, i_2, iの三つになり，各閉回路について考えると，

$$(e_1\text{abc}e_1\text{の閉回路}) \quad r_1i_1 + r_3i + R_1(i_2+i) = e_1$$
$$(e_2\text{bad}e_2\text{の}\quad 〃\quad) \quad r_2i_2 - r_3i + R_2(i_1-i) = e_2$$
$$(\text{abcda の}\quad 〃\quad) \quad r_3i + R_1(i_2+i) - r_4(i_1-i_2-i) - R_2(i_1-i) = 0$$

と未知電流三つに対して独立した方程式が三つえられる．ただし，$(e_1\text{adc}e_1)$または$(e_2\text{bcd}e_2)$の閉回路をとると係数が複雑になる．また，$(e_1\text{ab}e_2\text{dc}e_1)$の回路は上記の上の二つの式から導かれるので，この閉回路からは独立した方程式はえられない．

上記の式をi_1, i_2, iについて整理すると

$$r_1i_1 + R_1i_2 + R_{13}i = e_1$$
$$R_2i_1 + r_2i_2 - R_{23}i = e_2$$
$$-R_{24}i_1 + R_{14}i_2 + (R_{13}+R_{24})i = 0$$

ただし，$R_{13} = R_1 + r_3$, $R_{23} = R_2 + r_3$, $R_{24} = R_2 + r_4$, $R_{14} = R_1 + r_4$ とした．

これに行列式を用いて解くと

$$\Delta = \begin{vmatrix} r_1 & R_1 & R_{13} \\ R_2 & r_2 & -R_{23} \\ -R_{24} & R_{14} & (R_{13}+R_{24}) \end{vmatrix}$$
$$= r_1r_2(R_{13}+R_{24}) + R_2R_{13}r_4 + R_1R_{24}r_3 + R_{13}R_{24}r_2 + R_{14}R_{23}r_1$$

$$\Delta_1 = \begin{vmatrix} e_1 & R_1 & R_{13} \\ e_2 & r_2 & -R_{23} \\ 0 & R_{14} & (R_{13}+R_{24}) \end{vmatrix} = (R_{13}r_2 + R_{24}r_2 + R_{14}R_{23})e_1 + (R_{13}r_4 - R_{24}R_1)e_2$$

$$\Delta_2 = \begin{vmatrix} r_1 & e_1 & R_{13} \\ R_2 & e_2 & -R_{23} \\ -R_{24} & 0 & (R_{13}+R_{24}) \end{vmatrix} = (R_{24}r_3 - R_{13}R_2)e_1 + (R_{13}r_1 + R_{24}r_1 + R_{13}R_{24})e_2$$

$$\Delta_3 = \begin{vmatrix} r_1 & R_1 & e_1 \\ R_2 & r_2 & e_2 \\ -R_{24} & R_{14} & 0 \end{vmatrix} = (R_{14}R_2 + R_{24}r_2)e_1 - (R_{24}R_1 + R_{14}r_1)e_2$$

故に，$i_1 = \dfrac{\Delta_1}{\Delta}$, $i_2 = \dfrac{\Delta_2}{\Delta}$, $i = \dfrac{\Delta_3}{\Delta}$

としてi_1, i_2, iが求められ，図上から他の各部の電流も自から定められる．

2·4 行列式の応用例題

【例題3】 図2·6のような回路網で電池の起電力をeとし，回路各部分の抵抗を図示のようにR_1, R_2, P, Q, r_1, r_2, r_3, r_gとしたとき，回路の電流分布を求めよ．ただし，電池の内部抵抗は無視する．

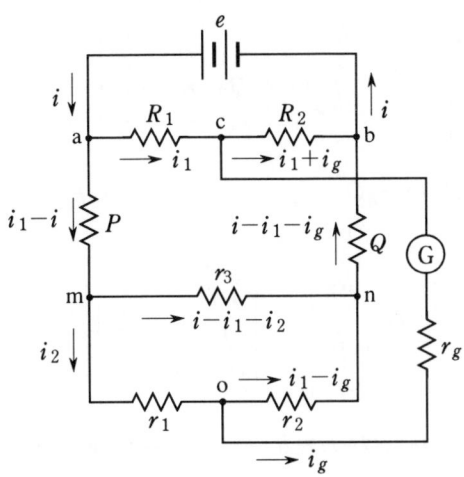

図2·6 ダブル·ブリッジ

ライヒスアンスタルトブリッジ

【解答】 これは低抵抗を測定するダブル·ブリッジの一種である**ライヒスアンスタルト·ブリッジ**（Reichsanstalt Bridge）の回路を示したものである．前例と同様に回路各部分の電流を仮定するのに，電池から流出する電流をiとしR_1に分流する電流をi_1とすると，Pの電流iは$i-i_1$になり，r_1の電流をi_2とするとr_3には$i-i_1-i_2$が流れる．さらにGの電流をi_gとするとr_2にはi_2-i_gが流れ，Qの電流はr_3とr_2の電流の和 $i-i_1-i_2+i_2-i_g=i-i_1-i_g$ が流れる．また，R_2の電流はi_1+i_gであり，b点で電池に帰る電流はQとR_2の電流の和 $i-i_1-i_g+i_1+i_g=i$ になる．結局は未知電流はi, i_1, i_2, i_gの四つになるので，次のようにしてこれらに関する四つの独立方程式をうる．

($eacbe$の閉回路で) $R_1 i_1 + R_2(i_1+i_g)=e$
($amoGca$ 〃) $P(i-i_1)+r_1 i_2+r_g i_g - R_1 i_1=0$
($cGonQbc$ 〃) $-r_g i_g + r_2(i_2-i_g)+Q(i-i_1-i_g)-R_2(i_1+i_g)=0$
($monm$ 〃) $r_1 i_2 + r_2(i_2-i_g)-r_3(i-i_1-i_2)=0$

これをi, i_1, i_2, i_gについて整理すると，次の4元1次連立方程式がえられる．

$(R_1+R_2)i_1 + R_2 i_g = e$
$Pi - (P+R_1)i_1 + r_1 i_2 + r_g i_g = 0$
$Qi - (Q+R_2)i_1 + r_2 i_2 - (Q+R_2+r_2+r_g)i_g = 0$
$-r_3 i + r_3 i_1 + (r_1+r_2+r_3)i_2 - r_2 i_g = 0$

次に，これを行列式によって解くため，0の多い第1行をとって展開すると次のようになる．

$$\Delta = \begin{vmatrix} 0 & R_{12} & 0 & R_2 \\ P & -P_1 & r_1 & r_g \\ Q & -Q_2 & r_2 & -R_g \\ -r_3 & r_3 & r_0 & -r_2 \end{vmatrix} = -R_{12}\begin{vmatrix} P & r_1 & r_g \\ Q & r_2 & -R_g \\ -r_3 & r_0 & -r_2 \end{vmatrix} - R_2\begin{vmatrix} P & -P_1 & r_1 \\ Q & -Q_2 & r_2 \\ -r_3 & r_3 & r_0 \end{vmatrix}$$

$= -R_{12}(-Pr_2^2 + Qr_0 r_g + r_1 r_3 R_g + r_2 r_3 r_g + r_0 PR_g + r_1 r_2 Q)$
$\quad - R_2(-PQ_2 r_0 + Qr_1 r_3 + r_2 r_3 P_1 - r_1 r_3 Q_2 - r_2 r_3 P + r_0 P_1 Q)$

—27—

ただし，$R_{12}=R_1+R_2$, $P_1=P+R_1$, $Q_2=Q+R_2$,
$R_g=Q+R_2+r_2+r_g=Q_2+r_2+r_g$, $r_0=r_1+r_2+r_3$, とおいた．

同様にΔi以下も0の多い列をとって次のように展開する．

$$\Delta i = \begin{vmatrix} e & R_{12} & 0 & R_2 \\ 0 & -P_1 & r_1 & r_g \\ 0 & -Q_2 & r_2 & -R_g \\ 0 & r_3 & r_0 & -r_2 \end{vmatrix} = e\begin{vmatrix} -P_1 & r_1 & r_g \\ -Q_2 & r_2 & -R_g \\ r_3 & r_0 & -r_2 \end{vmatrix}$$

$$= (r_2{}^2 P_1 - r_0 r_g Q_2 - r_1 r_3 R_g - r_2 r_3 r_g - r_0 P_1 R_g - r_1 r_2 Q_2)e$$

$$\Delta i_1 = \begin{vmatrix} 0 & e & 0 & R_2 \\ P & 0 & r_1 & r_g \\ Q & 0 & r_2 & -R_g \\ -r_3 & 0 & r_0 & -r_2 \end{vmatrix} = -e\begin{vmatrix} P & r_1 & r_g \\ Q & r_2 & -R_g \\ -r_3 & r_0 & -r_2 \end{vmatrix}$$

$$= (r_2{}^2 P - r_0 r_g Q - r_1 r_3 R_g - r_2 r_3 r_g - r_0 P R_g - r_1 r_2 Q)e$$

$$\Delta i_2 = \begin{vmatrix} 0 & R_{12} & e & R_2 \\ P & -P_1 & 0 & r_g \\ Q & -Q_2 & 0 & -R_g \\ -r_3 & r_3 & 0 & -r_2 \end{vmatrix} = e\begin{vmatrix} P & -P & r_g \\ Q & -Q_2 & -R_g \\ -r_3 & r_3 & -r_2 \end{vmatrix}$$

$$= (r_2 P Q_2 + r_3 r_g Q - r_3 R_g P - r_3 r_g Q_2 + r_3 R_g P - r_2 P Q)e$$

$$\Delta i_g = \begin{vmatrix} 0 & R_{12} & 0 & e \\ P & -P_1 & r_1 & 0 \\ Q & -Q_2 & r_2 & 0 \\ -r_3 & r_3 & r_0 & 0 \end{vmatrix} = -e\begin{vmatrix} P & -P_1 & r_1 \\ Q & -Q_2 & r_2 \\ -r_3 & r_3 & r_0 \end{vmatrix}$$

$$= (r_0 P Q_2 - r_1 r_3 Q - r_2 r_3 P_1 + r_1 r_3 Q_2 + r_2 r_3 P - r_0 P_1 Q)e$$

故に，$i = \dfrac{\Delta i}{\Delta}$, $i_1 = \dfrac{\Delta i_1}{\Delta}$, $i_2 = \dfrac{\Delta i_2}{\Delta}$, $i_g = \dfrac{\Delta i_g}{\Delta}$

としてi, i_1, i_2, i_gが求められるので，図上より回路各部の電流分布が自から定められる．

2・5　行列式の要点

(1)　多元1次連立方程式の行列式による解き方*

3元1次連立方程式

例えば，次のx, y, zに関する3元1次連立方程式

$$a_1 x + b_1 y + c_1 z = d_1$$
$$a_2 x + b_2 y + c_2 z = d_2$$
$$a_3 x + b_3 y + c_3 z = d_3$$

において，x, y, zを求めるには

---

* 何元の場合でも同様で係数が負数なら負として扱い，係数が0，例えば$b_2=0$で$b_2 y$の項がないときは，b_2をふくむ乗積は0になる．このことを応用して行列式の元にできるだけ多くの0をふくむように工夫すると展開が楽になる．

$$\Delta_x = \begin{vmatrix} d_1 & b_1 & c_1 \\ d_2 & b_2 & c_2 \\ d_3 & b_3 & c_3 \end{vmatrix}$$

$$\Delta_y = \begin{vmatrix} a_1 & d_1 & c_1 \\ a_2 & d_2 & c_2 \\ a_3 & d_3 & c_3 \end{vmatrix}$$

$$\Delta_z = \begin{vmatrix} a_1 & b_1 & d_1 \\ a_2 & b_2 & d_2 \\ a_3 & b_3 & d_3 \end{vmatrix}$$

とおいて，$x = \dfrac{\Delta_x}{\Delta}$，$y = \dfrac{\Delta_y}{\Delta}$，$z = \dfrac{\Delta_z}{\Delta}$ として求める．

ただし，

$$\Delta = \begin{vmatrix} a_1 & b_1 & c_1 \\ a_2 & b_2 & c_2 \\ a_3 & b_3 & c_3 \end{vmatrix} = a_1 b_2 c_3 + a_2 b_3 c_1 + a_3 b_1 c_2 - c_1 b_2 a_3 - c_2 b_3 a_1 - c_3 b_1 a_2$$

であって，Δ_x，Δ_y，Δ_z も同様に展開する．—($2\cdot9$)式を参照—

(2) **行列式の主な性質**（本文2・3を参照）

【1】 転置行列式はもとの行列式に等しい，すなわち $|a_{kj}| = |a_{jk}|$

【2】 行列式中の行または列の中にくくり出すことのできる共通因数があるとき，これを行列式の外にくくり出せる．

【3】 一つの行列式を行列式の和（差）であらわすことができる．

【4】 二つの行または列を入れかえると符号が変わる．

【5】 次の場合に行列式の値は0になる．

(1) 一つの行または一つの列の元がすべて0のとき．

(2) 行列式の二つの行または二つの列の対応する元が等しいとき．

(3) 行列式の任意の二つの行または二つの列が比例するとき．

【6】 一つの行（列）に同一数を掛けて他の行（列）に加えても引いても行列式の値は変わらない．

2·6 行列式の演習問題

【問題 2·1】 図のように起電力6 V, 内部抵抗0.15 Ωと起電力5 V, 内部抵抗0.05 Ωの電池を並列に接続し，これに外部抵抗2 Ωを接続したとき，外部抵抗に流れる電流を求めよ．

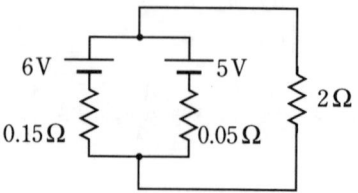

〔答　2.57 A〕

【問題 2·2】 下図のような電気回路網で
　　　起電力　$E_1 = 4$ V, $E_2 = 6$ V, $E_3 = 5$ V
　　　抵　抗　$r_1 = 0.1$ Ω, $r_2 = 0.2$ Ω, $r_3 = 0.5$ Ω
　　　および　$R_1 = 2$ Ω, $R_2 = 3$ Ω
としたとき，各電池の電流I_1, I_2, I_3を算定せよ．

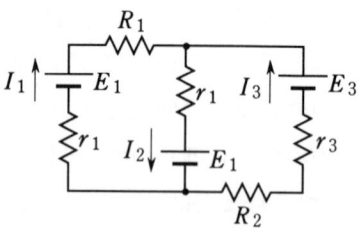

〔答　$I_1 = 4.11$ A, $I_2 = 6.86$ A, $I_3 = 2.75$ A〕

【問題 2·3】 発電機Gの起電力120 V, その内部抵抗0.08 Ω, 蓄電池Bの起電力115 V, その内部抵抗0.5 Ω, 抵抗rは10 Ω, Rは50 Ωの図のような回路でRに流れる電流とrでの電圧降下はそれぞれ何程か．

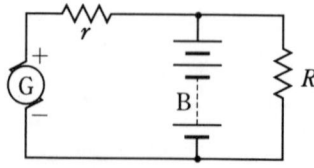

〔答　2.28 A, 5.84 V〕

【問題 2·4】 図のような3線式回路で各発電機G_1, G_2の端子電圧は120 V, 蓄電池B_1の起電力は102 V, その内部抵抗は2 Ω, 同じくB_2の起電力は108 V, その内部抵抗は2.5 Ω, 各線の抵抗rは0.1 Ωとしたとき，B_1, B_2に流れる電流を求めよ．

2·6 行列式の演習問題

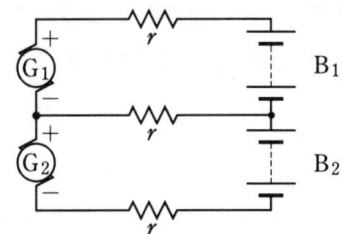

〔答　8.4 A, 4.76 A〕

【問題 2·5】　各発電機G_1, G_2の起電力は120 V, および115 V, 内部抵抗は0.6 Ωおよび0.5 Ω, 蓄電池の起電力を80 V, その内部抵抗を2 Ωとし, 各部分の抵抗が図示のような場合の各線の電流を求めよ.

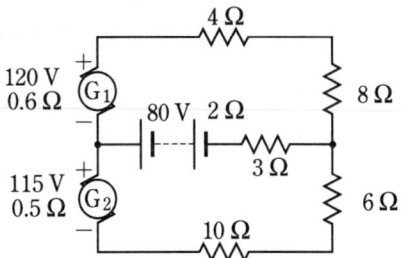

〔答　上より 12.7 A, 8.13 A, 4.57 A〕

【問題 2·6】　下図のように発電機Gと電池Bによって供給されている負荷回路において, 発電機Gの端子電圧は240 V, 電池Bの端子電圧は230 V, 負荷$L_1=50$ A, 負荷$L_2=75$ Aとしたとき負荷の端子電圧を算定せよ. ただし, $r_1=0.1$ Ω, $r_2=0.2$ Ω, $r_3=0.5$ Ωとする.

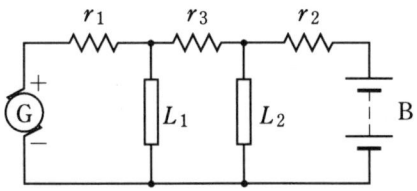

〔答　L_1は232.5 V, L_2は220 V〕

【問題 2·7】　図のように相等しい三つの抵抗Rを三角結線としたものに, 起電力E_1, E_2, E_3を星形結線として結んだときの電流分布を定めよ. ただし, 電池の内部抵抗を無視する.

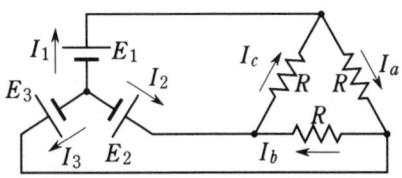

〔答　$I_1=(2E_1-E_2-E_3)/R$, $I_2=(2E_2-E_1-E_3)/R$,
$I_3=(2E_3-E_1-E_2)/R$, $I_a=(E_1-E_3)/R$,
$I_b=(E_3-E_2)/R$, $I_c=(E_2-E_1)/R$.〕

注:　各電池の内部抵抗を考えたとき, および各Rの相違する場合を研究されよ.

ケルビンダブル
ブリッジ

【問題 2·8】 図のケルビンダブルブリッジ（Kelvin double bridge）で比例辺R_a, R_αおよび抵抗辺R_b, R_βは連動されて常に

$$\frac{R_a}{R_b} = \frac{R_\alpha}{R_\beta}$$

の関係にある．抵抗辺のみを調整して平衡をとると$R_x = R_s(R_b/R_a)$によって求められることを証明せよ．

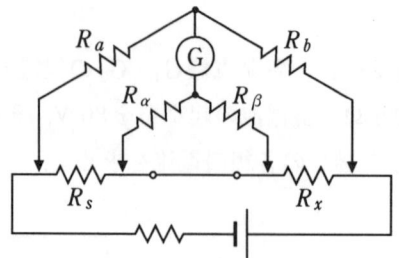

注： このブリッジは$10^{-4}\,\Omega$程度の低抵抗の測定に適し，測定確度は普通級で1％，精密級で0.2％の程度である．

3 マトリクスと多端子回路網

3·1 行列式とマトリクス

マトリクス

　マトリクス (Matrix) の意義を英辞典について調べると，that which gives origin or form to a thing（ある事柄の起源や形を与えるもの）とか which serves to enclose it（それをとりかこむのに役立つもの）とか，The rock in which a crystallized mineral is embedded（結晶した鉱物が埋められてある岩）というように書かれているが，ここで取扱うマトリクスには最後の意味がもっとも適切であると思う．つまり，結晶的に関連し合う事柄をひとまとめにした表示といえよう．

　さて，2章で述べたように行列式（Determinant）は，例えば

$$\begin{vmatrix} a_{11} & a_{12} \\ a_{21} & a_{22} \end{vmatrix} = a_{11}a_{22} - a_{12}a_{21}$$

$$\begin{vmatrix} 3 & -5 \\ 4 & 8 \end{vmatrix} = 44$$

というように数値をあらわし，行数と列数は必ず相等しい．というのは，元来，行列式はn元1次連立方程式の解法として生れたのだから，n個の未知数に対し独立した方程式がn個——n個より不足しても過剰でも解けない——あって，未知数の数を列数とすると方程式の数は行数となり，行数と列数は常に相等しい．ところが「マトリクス」（単に**行列**ともいう）は行数と列数が等しくなくともよく，個々に切りはなすと次のように相関連する単なる文字または数字の配列，例えば，

行列

$$\begin{bmatrix} E_1 \\ E_2 \end{bmatrix}, \quad \begin{bmatrix} Z_{11} & Z_{12} \\ Z_{21} & Z_{22} \end{bmatrix}, \quad \begin{bmatrix} I_1 \\ I_2 \end{bmatrix}$$

であって，これらが互に付随し合って始めて，次のような意義を有するようになる．

$$\begin{bmatrix} E_1 \\ E_2 \end{bmatrix} = \begin{bmatrix} Z_{11} & Z_{12} \\ Z_{21} & Z_{22} \end{bmatrix} \begin{bmatrix} I_1 \\ I_2 \end{bmatrix} = \begin{bmatrix} Z_{11}I_1 + Z_{12}I_2 \\ Z_{21}I_1 + Z_{22}I_2 \end{bmatrix}$$

　そこで，この両者，行列式とマトリクス（行列）を区別するため上記のように配列の両側を行列式では直線でかこみ，マトリクスでは括弧 [ ] でかこむ．

　このように行列式と行列は全く性格がちがっているが，歴史的にみると，マトリクスは行列式から進化したものといえる．既述したように，行列式の創始者は外国ではフランスのライプニッツで彼は1693年に友人に出した手紙の中で行列式について述べている．がしかし，それより10年も前に関孝和がさらに完全な形で記述しているので，行列式の真の創始者はわが国の関孝和であるといえる．その後，フラン

スのバンデルモンド（Vandermonde；1735～1796）やラプラス（Laplace；1749～1827）が小行列式による展開の理論などを研究したが，行列式をマトリクス論としてまとめあげたのは英国の数学者として著名なケーリー（Cayley；1821～1895）であって，彼はケンブリッジ大学を卒業して15年間，弁護士をするかたわら数学の研究をつづけ42才のとき母校の教授になり，幾多の研究業績，例えば代数的不変式論やn次元幾何学などを残したが，マトリクスの理論は彼が1次変換の研究に没頭していた際に導入したものといわれている．もっともマトリクスなる名称は1856年にシルベスター（Sylvester）が与えたということである．

さて，n個の変数 $(x_1, x_2, \cdots\cdots, x_n)$ と $(y_1, y_2, \cdots\cdots, y_n)$ との間にある，

$$\left.\begin{array}{l} y_1 = a_{11}x_1 + a_{12}x_2 + \cdots\cdots + a_{1n}x_n, \\ y_2 = a_{21}x_1 + a_{22}x_2 + \cdots\cdots + a_{2n}x_n, \\ \cdots\cdots\cdots\cdots\cdots\cdots\cdots\cdots\cdots\cdots, \\ y_n = a_{n1}x_1 + a_{n2}x_2 + \cdots\cdots + a_{nn}x_n. \end{array}\right\}$$

一次変換 なる関係によって $(x_1, x_2, \cdots\cdots, x_n)$ なる量から新に $(y_1, y_2, \cdots\cdots, y_n)$ なる新しい量を作り出すことを**一次変換**（Linear transformation）といい，$(x_1, x_2, \cdots\cdots, x_n)$ が $(y_1, y_2, \cdots\cdots, y_n)$ に1次変換されたという．これをマトリクスであらわすと，

$$\begin{bmatrix} y_1 \\ y_2 \\ \vdots \\ y_n \end{bmatrix} = \begin{bmatrix} a_{11} & a_{12} & \cdots\cdots & a_{1n} \\ a_{21} & a_{22} & \cdots\cdots & a_{2n} \\ \cdots & \cdots & \cdots\cdots & \cdots \\ a_{n1} & a_{n2} & \cdots\cdots & a_{nn} \end{bmatrix} \begin{bmatrix} x_1 \\ x_2 \\ \vdots \\ x_n \end{bmatrix}$$

となる．このマトリクスは一般の網状回路や4端子網，多端子網，あるいは多導線系の解析手段として威力があり，対称座標法もこれによって簡潔に記述され適用できるようになり，実に魅力のある数学手法である．さて，マトリクスの学修に際しては，マトリクスの性質とその計算，主として乗法と除法（逆マトリクスの作り方）に習熟されるなら，短時日に，これを自在に駆使されるようになろう．

3・2　マトリクスの種類

mnマトリクス
矩形マトリクス
次数
要素 このようなm行，n列のマトリクスを「mnマトリクス」（mn Matrix）または「矩形マトリクス」（Rectangular Matrix）といい，m, nをマトリクスの**次数**（Order, オーダ），マトリクスを構成する各文字a_{ij}（ただし，$i=1\cdots\cdots m$, $j=1\cdots\cdots n$）を**要素**（Element, エレメント）という．

$$\begin{array}{c} \text{列　数}(n) \\ \begin{array}{cccc} \text{第1列} & \text{第2列} & \cdots\cdots & \text{第}n\text{列} \end{array} \end{array}$$

$$\begin{array}{c}\text{行}\\\text{数}\\(m)\end{array}\left\{\begin{array}{l}\text{第1行}\\\text{第2行}\\\vdots\\\text{第}m\text{行}\end{array}\right.\begin{bmatrix} a_{11} & a_{12} & \cdots\cdots & a_{1n} \\ a_{21} & a_{22} & \cdots\cdots & a_{2n} \\ \cdots & \cdots & \cdots\cdots & \cdots \\ a_{m1} & a_{m2} & \cdots\cdots & a_{mn} \end{bmatrix}$$

(m, n) 次のマトリクス

3・2 マトリクスの種類

正方マトリクス この行と列が等しい $m=n$ のマトリクスを「**正方マトリクス**」(Square Matrix) といい，第1行第1列の a_{11} から第 n 行第 n 列の a_{nn} に引いた対角線を主対角線と称し，この主対角線上にある要素を「**対角線要素**」という．

対角線要素

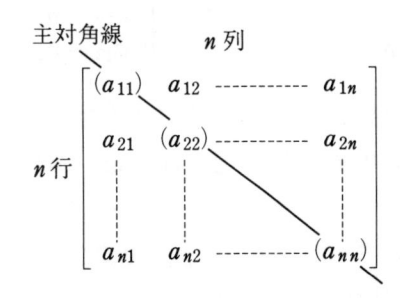

$$n行\begin{bmatrix} (a_{11}) & a_{12} & \cdots\cdots & a_{1n} \\ a_{21} & (a_{22}) & \cdots\cdots & a_{2n} \\ \vdots & \vdots & & \vdots \\ a_{n1} & a_{n2} & \cdots\cdots & (a_{nn}) \end{bmatrix}$$

主対角線　n 列

n 次正方マトリクス，( ) 内は対角線要素

この対角線要素が $a_{11}, a_{22}, \cdots\cdots, a_{nn}$ で，他の要素のすべてが0であるマトリクスを「**対角マトリクス**」(Diagonal Matrix) といい，$(a_{ij}\delta_{ij})$ であらわされる．この δ_{ij} を「**クロネッカー(Kronecker)の記号**」といい，$i=j$ で $\delta_{ij}=1$ であり，$i\neq j$ で $\delta_{ij}=0$ である．この対角線要素のすべてが1で他の要素が0であるマトリクスを「**単位マトリクス**」(Unit Matrix) と称し，対角線要素のすべてがある数 a で，他の要素は0であるマトリクスを「**スカラマトリクス**」(Scalar Matrix) といい，すべての要素が0であるマトリクスを「**零マトリクス**」(Null Matrix) という．

対角マトリクス
クロネッカーの記号
単位マトリクス
スカラマトリクス
零マトリクス

対角マトリクス
$$[\searrow] = \begin{bmatrix} a_{11} & 0 & \cdots\cdots & 0 \\ 0 & a_{22} & \cdots\cdots & 0 \\ \cdots\cdots\cdots\cdots\cdots\cdots\cdots \\ 0 & 0 & \cdots\cdots & a_{nn} \end{bmatrix}$$

単位マトリクス
$$[U] = [1] = \begin{bmatrix} 1 & 0 & \cdots\cdots & 0 \\ 0 & 1 & \cdots\cdots & 0 \\ \cdots\cdots\cdots\cdots\cdots\cdots\cdots \\ 0 & 0 & \cdots\cdots & 1 \end{bmatrix}$$

スカラマトリクス
$$[S] = \begin{bmatrix} a & 0 & \cdots\cdots & 0 \\ 0 & a & \cdots\cdots & 0 \\ \cdots\cdots\cdots\cdots\cdots\cdots\cdots \\ 0 & 0 & \cdots\cdots & a \end{bmatrix} = a[U]$$

零マトリクス

零マトリクス
$$[0] = \begin{bmatrix} 0 & 0 & \cdots\cdots & 0 \\ 0 & 0 & \cdots\cdots & 0 \\ \cdots\cdots\cdots\cdots\cdots\cdots\cdots \\ 0 & 0 & \cdots\cdots & 0 \end{bmatrix}$$

注：　対角マトリクス，単位マトリクス，スカラマトリクスは正方マトリクス —— 行数 (m) ＝列数 (n) —— であるが，零マトリクスは (m, n) 次のものも作りうる．

対称マトリクス
ひずみ対称マトリクス

また，主対角線に対して次のように対称的な正方マトリクスを「**対称マトリクス**」(Symmetrical Matrix) といい，異符号で対称的なものを「**ひずみ対称マトリクス**」(Skew Matrix) という．このひずみ対称マトリクスで対角線上の要素のすべてが0であるとき，これを「**交代マトリクス**」(Alternate Matrix) と称する．これらの例を3

次のものについて示すと下記のようになる．

　　　対称マトリクス　　　　ひずみ対称マトリクス　　　交代マトリクス

$$\begin{bmatrix} a_{11} & a_{12} & a_{13} \\ a_{12} & a_{22} & a_{23} \\ a_{13} & a_{23} & a_{33} \end{bmatrix} \quad \begin{bmatrix} a_{11} & a_{12} & a_{13} \\ -a_{12} & a_{22} & a_{23} \\ -a_{13} & -a_{23} & a_{33} \end{bmatrix} \quad \begin{bmatrix} 0 & a_{12} & a_{13} \\ -a_{12} & 0 & a_{23} \\ -a_{13} & -a_{23} & 0 \end{bmatrix}$$

三角マトリクス	なお，同じく正方マトリクスで主対角線の下の部分の要素がすべて0であるマトリクスを「**三角マトリクス**」(Triangle Matrix) といい，各行，各列の要素の1個を除
単項マトリクス	いた他はすべて0であるようなマトリクスを「**単項マトリクス**」(Single term Matrix) といい，この単項マトリクスで0でない要素のことごとくが1であるマトリクスを
置換マトリクス	「**置換マトリクス**」(Substitution Matrix) という．これを3次の場合について示すと次記のようになる．

　　　三角マトリクス　　　　単項マトリクス　　　　置換マトリクス

$$\begin{bmatrix} a_{11} & a_{12} & a_{13} \\ 0 & a_{22} & a_{23} \\ 0 & 0 & a_{33} \end{bmatrix} \quad \begin{bmatrix} 0 & a_{12} & 0 \\ a_{21} & 0 & 0 \\ 0 & 0 & a_{33} \end{bmatrix} \quad \begin{bmatrix} 0 & 0 & 1 \\ 1 & 0 & 0 \\ 0 & 1 & 0 \end{bmatrix}$$

ここで，特に注意しておきたいことは，行列式では行と列の区別を無視してとりかえても，例えば

$$\begin{bmatrix} 2 & 1 \\ 3 & -5 \end{bmatrix} = \begin{bmatrix} 2 & 3 \\ 1 & -5 \end{bmatrix} = -13$$

のように数値には変りがなかったが，マトリクスでは行と列の区別が厳格で行と列をとりかえると全く別のマトリクスになる．このあるマトリクス $[A]$ の行と列とを

|転置マトリクス|交換したマトリクスを「**転置マトリクス**」(Transposed Matrix) といい，$[A]_t$ で示す．例えば|

　　　　　　原マトリクス　　　　　　　　　　　　　転置マトリクス

$$[A] = \begin{bmatrix} a_{11} & a_{12} & \cdots\cdots & a_{1n} \\ a_{21} & a_{22} & \cdots\cdots & a_{2n} \\ \cdots\cdots\cdots\cdots\cdots\cdots \\ a_{m1} & a_{m2} & \cdots\cdots & a_{mn} \end{bmatrix} \qquad [A]_t = \begin{bmatrix} a_{11} & a_{21} & \cdots\cdots & a_{m1} \\ a_{12} & a_{22} & \cdots\cdots & a_{m2} \\ \cdots\cdots\cdots\cdots\cdots\cdots \\ a_{1n} & a_{2n} & \cdots\cdots & a_{mn} \end{bmatrix}$$

　　注：　転置マトリクスを $[A]'$ などと記することもあるが，後で，例えば $[A]'$ の逆マトリクスを $([A]')^{-1}$ などと記さねばならなくなり，$[A]_t^{-1}$ と記する方が便利だからここでは $[A]_t$ と記することにした．

上述したように一般に $[A] \neq [A]_t$ であるが，対称マトリクスの場合は，この両者が相等しくなる．

|共役マトリクス|また，マトリクス $[A] = [a_{ij}]$ の要素 a_{ij} が複素数で与えられたとき，その各要素の共役複素数を $\bar{a}_{ij}$ であらわしたとき，$[\bar{a}_{ij}]$ を $[A]$ の「**共役マトリクス**」(Conjugate Matrix) といい $[\bar{A}]$ であらわす．逆にいうと $[A]$ は $[\bar{A}]$ の共役マトリクスともいえる．例えば|

　　　　　原マトリクス　　　　　　　　　　　　共役マトリクス

$$[A] = \begin{bmatrix} r_1 + jx_1 & r_2 - jx_2 \\ r_3 - jx_3 & r_4 + jx_4 \end{bmatrix}, \qquad [\bar{A}] = \begin{bmatrix} r_1 - jx_1 & r_2 + jx_2 \\ r_3 + jx_3 & r_4 - jx_4 \end{bmatrix}$$

二重マトリクス　さらに，例えば次例のようにいくつかのマトリクスを要素としたマトリクスを考えることができる．これを**二重マトリクス**（Uber Matrix）という．

$$[Z_1]=\begin{bmatrix} Z_{11} & Z_{12} \\ Z_{12} & Z_{22} \end{bmatrix}, \quad [Z_2]=\begin{bmatrix} Z_{11}' & Z_{12}' \\ Z_{12}' & Z_{22}' \end{bmatrix}$$

$$[Z_3]=\begin{bmatrix} Z_{13} & Z_{14} \\ Z_{23} & Z_{24} \end{bmatrix}, \quad [Z_4]=\begin{bmatrix} Z_{13} & Z_{23} \\ Z_{14} & Z_{24} \end{bmatrix}$$

$$[Z]=\begin{bmatrix} [Z_1] & [Z_3] \\ [Z_4] & [Z_2] \end{bmatrix}=\left[\begin{array}{cc|cc} Z_{11} & Z_{12} & Z_{13} & Z_{14} \\ Z_{12} & Z_{22} & Z_{23} & Z_{24} \\ \hline Z_{13} & Z_{23} & Z_{11}' & Z_{12}' \\ Z_{14} & Z_{24} & Z_{12}' & Z_{22}' \end{array}\right]$$

その他にも，なお，マトリクスの種類はあるが，説明の都合上，後述することにしよう．

　　注：　矩形マトリクスに要素0を付加して，例えば次のように

$$[A]=\begin{bmatrix} a_{11} & a_{12} \\ a_{21} & a_{22} \\ a_{31} & a_{32} \end{bmatrix} \quad を \quad [A]=\begin{bmatrix} a_{11} & a_{12} & 0 \\ a_{21} & a_{22} & 0 \\ a_{31} & a_{32} & 0 \end{bmatrix}$$

正方マトリクスとして取扱いうる場合もあるが，その場合，場合に応じて物理的意義を失なわないよう慎重に考えねばならない．

3・3　マトリクスの四則計算

(1) マトリクスの相等と加法，減法

相等　いくつかのマトリクスにおいて，各対応する（同行同列の）要素がすべて相等しいと**相等**になる．それがためには必然的に次数の相等しいことが前提条件になる．例えば

$$[A]=\begin{bmatrix} a_{11} & a_{12} & \cdots\cdots & a_{1n} \\ a_{21} & a_{22} & \cdots\cdots & a_{2n} \\ \multicolumn{4}{c}{\cdots\cdots\cdots\cdots\cdots\cdots} \\ a_{m1} & a_{m2} & \cdots\cdots & a_{mn} \end{bmatrix}$$

$$[B]=\begin{bmatrix} b_{11} & b_{12} & \cdots\cdots & b_{1n} \\ b_{21} & b_{22} & \cdots\cdots & b_{2n} \\ \multicolumn{4}{c}{\cdots\cdots\cdots\cdots\cdots\cdots} \\ b_{m1} & b_{m2} & \cdots\cdots & b_{mn} \end{bmatrix}$$

において，$[A]=[B]$となるためには，$a_{11}=b_{11}$, $a_{12}=b_{12}$, ……, $a_{mn}=b_{mn}$とならねばならない．

これを一般的に書くと，

$$a_{ij}=b_{ij}$$

ただし，$i=1, 2, \cdots\cdots m, j=1, 2\cdots\cdots n.$ 　　　　　　　　　　　　　　　(3・1)

3 マトリクスと多端子回路網

マトリクスの和
マトリクスの差

ということになる．次に
"いくつかのマトリクスの和や差を求めるには，各対応（同行同列）する要素ごとに和または差をとればよい"
すなわち，

$$[A]\pm[B]\pm[C]=[D] \quad \text{を作るには}$$
$$a_{ij}\pm b_{ij}\pm c_{ij}=d_{ij} \quad \text{とすればよい．} \tag{3・2}$$

例えば，

$$\begin{bmatrix} 2 & -7 \\ 9 & 5 \end{bmatrix}+\begin{bmatrix} 3 & 5 \\ -2 & -1 \end{bmatrix}=\begin{bmatrix} 2+3 & -7+5 \\ 9-2 & 5-1 \end{bmatrix}=\begin{bmatrix} 5 & -2 \\ 7 & 4 \end{bmatrix}$$

$$\begin{bmatrix} 9 & -1 \\ -2 & 5 \\ 3 & 4 \end{bmatrix}-\begin{bmatrix} 3 & 7 \\ -5 & -6 \\ 8 & 10 \end{bmatrix}=\begin{bmatrix} 9-3 & -1-7 \\ -2+5 & 5+6 \\ 3-8 & 4-10 \end{bmatrix}=\begin{bmatrix} 6 & -8 \\ 3 & 11 \\ -5 & -6 \end{bmatrix}$$

この各対応要素の代数和は順序をかえても同一値になるので

$$[A]\pm[B]\pm[C]=\pm[B]+[A]\pm[C]=[A]\pm([B]+[C]) \tag{3・3}$$

としてもよく，代数の場合と同様に交換法則や結合法則が成立する．

転置マトリクスの和

また，マトリクスの和（差）の転置マトリクスは，もとの各マトリクスの転置マトリクスの和（差）に等しい．すなわち，

転置マトリクスの差

$$([A]\pm[B]\pm[C])_t=[A]_t\pm[B]_t\pm[C]_t \tag{3・4}$$

例えば，

$$\left(\begin{bmatrix} 5 & 0 \\ 1 & -3 \end{bmatrix}+\begin{bmatrix} 2 & -6 \\ -8 & 4 \end{bmatrix}\right)_t=\left(\begin{bmatrix} 7 & -6 \\ -7 & 1 \end{bmatrix}\right)_t=\begin{bmatrix} 7 & -7 \\ -6 & 1 \end{bmatrix}$$

$$\begin{bmatrix} 5 & 0 \\ 1 & -3 \end{bmatrix}_t+\begin{bmatrix} 2 & -6 \\ -8 & 4 \end{bmatrix}_t=\begin{bmatrix} 5 & 1 \\ 0 & -3 \end{bmatrix}+\begin{bmatrix} 2 & -8 \\ -6 & 4 \end{bmatrix}=\begin{bmatrix} 7 & -7 \\ -6 & 1 \end{bmatrix}$$

このように，和（差）をとっておいてから転置しても，転置したものの和（差）をとっても同じになることは，自から明らかであろう．このことを利用して，

"任意のマトリクスは**対称マトリクスと交代マトリクス**の和の形であらわしうる"
ということを証明しよう．今，任意のマトリクス $[A]$ において，

$$[A]=\frac{[A]+[A]_t}{2}+\frac{[A]-[A]_t}{2}=[T]+[K] \tag{3・5}$$

ただし，$[T]=\dfrac{[A]+[A]_t}{2}$，$[K]=\dfrac{[A]-[A]_t}{2}$

とおくと，

$$[T]_t=\frac{([A]+[A]_t)_t}{2}=\frac{[A]_t+[A]}{2}=[T]$$

ここで，転置マトリクス $[A]_t$ を転置すると元のマトリクス $[A]$ に帰り，転置マトリクス $[T]_t$ がもとのマトリクス $[T]$ に等しいなら，この $[T]$ は対称マトリクスである．次例のように，あるマトリクスにその転置マトリクスを加えると自から対称マトリ

クスになる．

$$\begin{bmatrix} a_{11} & a_{12} \\ a_{21} & a_{22} \end{bmatrix} + \begin{bmatrix} a_{11} & a_{21} \\ a_{12} & a_{22} \end{bmatrix} = \begin{bmatrix} 2a_{11} & a_{12}+a_{21} \\ a_{12}+a_{21} & 2a_{22} \end{bmatrix}$$

次に　　$[K]_t = \dfrac{([A]-[A]_t)_t}{2} = -\dfrac{[A]-[A]_t}{2} = -[K]$

交代マトリクス　このように，あるマトリクスの転置マトリクスが元のマトリクスに負号をつけたものに等しいと明らかに**交代マトリクス**である．例えば，

$$\begin{bmatrix} 0 & a_{12} & a_{13} \\ -a_{12} & 0 & a_{23} \\ -a_{13} & -a_{23} & 0 \end{bmatrix}_t = \begin{bmatrix} 0 & -a_{12} & -a_{13} \\ a_{12} & 0 & -a_{23} \\ a_{13} & a_{23} & 0 \end{bmatrix} = -\begin{bmatrix} 0 & a_{12} & a_{13} \\ -a_{12} & 0 & a_{23} \\ -a_{13} & -a_{23} & 0 \end{bmatrix}$$

というようになる．このあるマトリクスを対称マトリクスと交代マトリクスの和であらわす．1例をあげると

$$[A] = \begin{bmatrix} 2 & 1 & 3 \\ 5 & 6 & 2 \\ 4 & 7 & 5 \end{bmatrix}　の転置マトリクス　[A]_t = \begin{bmatrix} 2 & 5 & 4 \\ 1 & 6 & 7 \\ 3 & 2 & 5 \end{bmatrix}$$

となるので，

$$[A] = \begin{bmatrix} 2 & 1 & 3 \\ 5 & 6 & 2 \\ 4 & 7 & 5 \end{bmatrix} = \begin{bmatrix} 2 & 3 & 3.5 \\ 3 & 6 & 4.5 \\ 3.5 & 4.5 & 5 \end{bmatrix} + \begin{bmatrix} 0 & -2 & -0.5 \\ 2 & 0 & -2.5 \\ 0.5 & 2.5 & 0 \end{bmatrix}$$

というようになる．

(2) マトリクスの乗法

マトリクスの乗法　**マトリクスのα倍**；マトリクスをα倍するということは，このマトリクスをα個だけ加え合わせることになるので，要素のすべてがα倍されることになる．

$$\alpha[A] = [A]\alpha = \alpha \begin{bmatrix} a_{11} & a_{12} & \cdots & a_{1n} \\ a_{21} & a_{22} & \cdots & a_{2n} \\ \cdots & \cdots & \cdots & \cdots \\ a_{m1} & a_{m2} & \cdots & a_{mn} \end{bmatrix} = \begin{bmatrix} \alpha a_{11} & \alpha a_{12} & \cdots & \alpha a_{1n} \\ \alpha a_{21} & \alpha a_{22} & \cdots & \alpha a_{2n} \\ \cdots & \cdots & \cdots & \cdots \\ \alpha a_{m1} & \alpha a_{m2} & \cdots & \alpha a_{mn} \end{bmatrix} \quad (3\cdot 6)$$

マトリクスの倍法　このように**マトリクスの倍法**では$\alpha[A]=[A]\alpha$となり**交換法則**が成立する．ここで
交換法則　特に注意を喚起しておきたいことは，行列式とマトリクスの倍法のちがいで，行列式をα倍するということは，その数値をα倍するのだから，要素のうちの1行かまたは1列をα倍すればよい．しかし，マトリクスでは全要素をα倍せねばならない．例えば，

行列式では……　$3\begin{vmatrix} 5 & 3 \\ -1 & 2 \end{vmatrix} = 3\times 13 = \begin{vmatrix} 15 & 9 \\ -1 & 2 \end{vmatrix} = \begin{vmatrix} 15 & 3 \\ -3 & 2 \end{vmatrix} = 39$

マトリクスでは……　$3\begin{bmatrix} 5 & 3 \\ -1 & 2 \end{bmatrix} = \begin{bmatrix} 15 & 9 \\ -3 & 3 \end{bmatrix}$

このことは行列式やマトリクスの微分や積分でも成立し，行列式では1行または1列を微分なり積分すればよいが，マトリクスでは全要素について微分なり積分をすることになる．

3 マトリクスと多端子回路網

マトリクスの積

マトリクスとマトリクスの積；マトリクス $[A]$ にマトリクス $[B]$ を乗じた積がマトリクス $[C]$ になったとすると，$[A]$ の行の要素を $[B]$ の列の要素に，それぞれ順次に掛けて加えたものが $[C]$ のその行のその列の要素になる．――このことは行列式と行列式の積においても同様である――．例えば，

$$\begin{bmatrix} a_{11} & a_{12} & a_{13} \\ a_{21} & a_{22} & a_{23} \\ a_{31} & a_{32} & a_{33} \end{bmatrix} \begin{bmatrix} b_{11} & b_{12} & b_{13} \\ b_{21} & b_{22} & b_{23} \\ b_{31} & b_{32} & b_{33} \end{bmatrix}$$

$$= \begin{bmatrix} a_{11}b_{11}+a_{12}b_{21}+a_{13}b_{31} & a_{11}b_{12}+a_{12}b_{22}+a_{13}b_{32} & a_{11}b_{13}+a_{12}b_{23}+a_{13}b_{33} \\ a_{21}b_{11}+a_{22}b_{21}+a_{23}b_{31} & a_{21}b_{12}+a_{22}b_{22}+a_{23}b_{32} & a_{21}b_{13}+a_{22}b_{23}+a_{23}b_{33} \\ a_{31}b_{11}+a_{32}b_{32}+a_{33}b_{31} & a_{31}b_{12}+a_{32}b_{22}+a_{33}b_{32} & a_{31}b_{13}+a_{32}b_{23}+a_{33}b_{33} \end{bmatrix}$$

(3・7)

のように $[A]$ の第1行①と $[B]$ の第1列(1)の各要素を順次にかけ合せて和をとって $[C]$ の第1行第1列 (C_{11}) とし，$[A]$ の第1行①と $[B]$ の第2列(2)の各要素を順次にかけ合せてその和を $[C]$ の第1行第2列 (C_{12}) とし，$[A]$ の第1行①と $[B]$ の第3列(3)の各要素を順次に乗じてその和をとって $[C]$ の第1行第3列 (C_{13}) にするというように行い，例えば $[C]$ の第3行第2列 (C_{32}) は $[A]$ の第3行③と $[B]$ の第2列(2)の各要素の積の和をとったものになる．

マトリクスにおいて，このことを可能とするためには $[A]$ の列数と $[B]$ の行数の相等しいことが条件になり，仮に $[A]$ を (m, n) 次とすると $[B]$ は (n, l) 次とならねばならない．そうしてこの積 $[C]$ は (m, l) 次になる．例えば次の例は $[A]$ が $(3, 3)$ 次であり，$[B]$ は $(3, 1)$ 次で $[C]$ は $(3, 1)$ 次になる．

$$\begin{bmatrix} Y_{11} & Y_{12} & Y_{13} \\ Y_{12} & Y_{22} & Y_{23} \\ Y_{13} & Y_{23} & Y_{33} \end{bmatrix} \begin{bmatrix} E_1 \\ E_2 \\ E_3 \end{bmatrix} = \begin{bmatrix} Y_{11}E_1+Y_{12}E_2+Y_{12}E_2 \\ Y_{12}E_1+Y_{22}E_2+Y_{23}E_3 \\ Y_{13}E_1+Y_{23}E_2+Y_{33}E_3 \end{bmatrix}$$

交換法則

さて，このマトリクスの積では**交換法則**は成り立たないことは，(m, n) 次に (n, l) 次は乗ぜられるが，これを交換した (n, l) 次に (m, n) 次を乗ずることは $l \neq m$ だから不可能である．この $[A][B] \neq [B][A]$ であることは，また次の1例からも明らかである．

$$\begin{bmatrix} 3 & 1 \\ 0 & 5 \end{bmatrix} \begin{bmatrix} 2 & -6 \\ 4 & 7 \end{bmatrix} = \begin{bmatrix} 6+4 & -18+7 \\ 0+20 & 0+35 \end{bmatrix} = \begin{bmatrix} 10 & -11 \\ 20 & 35 \end{bmatrix}$$

$$\begin{bmatrix} 2 & -6 \\ 4 & 7 \end{bmatrix} \begin{bmatrix} 3 & 1 \\ 0 & 5 \end{bmatrix} = \begin{bmatrix} 6+0 & 2-30 \\ 12+0 & 4+35 \end{bmatrix} = \begin{bmatrix} 6 & -28 \\ 12 & 39 \end{bmatrix}$$

となり，$[B][A]$ は $[A][B]$ と全くちがったものになり，マトリクスの乗積では交換法則は成立しない．また，

$$\left\{ \begin{bmatrix} 2 & 0 \\ 5 & -1 \end{bmatrix} \begin{bmatrix} 3 & 1 \\ 4 & 0 \end{bmatrix} \right\} \begin{bmatrix} 0 & -6 \\ 7 & 2 \end{bmatrix} = \begin{bmatrix} 6 & 2 \\ 11 & 5 \end{bmatrix} \begin{bmatrix} 0 & -6 \\ 7 & 2 \end{bmatrix} = \begin{bmatrix} 14 & -32 \\ 35 & -56 \end{bmatrix}$$

$$\begin{bmatrix} 2 & 0 \\ 5 & -1 \end{bmatrix} \left\{ \begin{bmatrix} 3 & 1 \\ 4 & 0 \end{bmatrix} \begin{bmatrix} 0 & -6 \\ 7 & 2 \end{bmatrix} \right\} = \begin{bmatrix} 2 & 0 \\ 5 & -1 \end{bmatrix} \begin{bmatrix} 7 & -16 \\ 0 & -24 \end{bmatrix} = \begin{bmatrix} 14 & -32 \\ 35 & -56 \end{bmatrix}$$

結合法則

の例よりも明かなように**結合法則**

$$[A][B][C]=[A]\{[B][C]\}=\{[A][B]\}[C] \qquad (3\cdot 8)$$

マトリクスの連乗積　は成立する．もちろん，このような**マトリクスの連乗積**が作られるためには，$[A]$ を (m, n) 次とすると $[B]$ は (n, l) 次であり $[C]$ は (l, p) 次というようになり——$[B]$ が (n, n) 次だと $[C]$ は (n, p) 次——，その積としてのマトリクスは (m, p) 次になる．

特別なマトリクスの乗積；任意のマトリクスと零マトリクスの積は，例えば

$$\begin{bmatrix} a_{11} & a_{12} \\ a_{21} & a_{22} \end{bmatrix}\begin{bmatrix} 0 & 0 \\ 0 & 0 \end{bmatrix}=\begin{bmatrix} 0 & 0 \\ 0 & 0 \end{bmatrix}\begin{bmatrix} a_{11} & a_{12} \\ a_{21} & a_{22} \end{bmatrix}=\begin{bmatrix} 0 & 0 \\ 0 & 0 \end{bmatrix}$$

というように $[A][0]=[0][A]=[0]$ というように零マトリクスになる．また，$[A]$ を

単位マトリクスとの積　(m, n) 次のマトリクス，$[U]$ を m 次の単位マトリクス（既述のように単位マトリクスは正方マトリクス）とすると，例えば，

$$\begin{bmatrix} a_{11} & a_{12} \\ a_{21} & a_{22} \end{bmatrix}\begin{bmatrix} 1 & 0 \\ 0 & 1 \end{bmatrix}=\begin{bmatrix} 1 & 0 \\ 0 & 1 \end{bmatrix}\begin{bmatrix} a_{11} & a_{12} \\ a_{21} & a_{22} \end{bmatrix}=\begin{bmatrix} a_{11} & a_{12} \\ a_{21} & a_{22} \end{bmatrix}$$

となり，$[A][U]=[U][A]=[A]$ になることが容易に分る．

スカラマトリクスとの積　なお，単位マトリクスの 1 が a であるスカラマトリクス——逆に単位マトリクスはスカラマトリクスの 1 種で $a=1$ の場合と考えられる——の場合は $[A]$ の全要素が a 倍されマトリクスを a 倍した——単位マトリクスでは $[A]$ の全要素を 1 倍した——ことになり，$[A][a]=[a][A]=a[A]=[A]a$ になる．次に n 次の対角マトリクス（正方マトリクス）$[A]$ に (n, m) 次のマトリクス $[B]$ を乗ずると，

$$\begin{bmatrix} a_{11} & 0 & \cdots & 0 \\ 0 & a_{22} & \cdots & 0 \\ \cdots\cdots\cdots\cdots\cdots \\ 0 & 0 & \cdots & a_{nn} \end{bmatrix}\begin{bmatrix} b_{11} & b_{12} & \cdots & b_{1m} \\ b_{21} & b_{22} & \cdots & b_{2m} \\ \cdots\cdots\cdots\cdots\cdots \\ b_{n1} & b_{n2} & \cdots & b_{nm} \end{bmatrix}=\begin{bmatrix} a_{11}b_{11} & a_{11}b_{12} & \cdots & a_{11}b_{1m} \\ a_{22}b_{21} & a_{22}b_{22} & \cdots & a_{22}b_{2m} \\ \cdots\cdots\cdots\cdots\cdots \\ a_{nn}b_{n1} & a_{nn}b_{n2} & \cdots & a_{nn}b_{nm} \end{bmatrix}$$

対角マトリクスとの積　となり，積のマトリクスは (n, m) であって，その各行は $[B]$ の各行をそれぞれ $a_{11}, a_{22}, \cdots\cdots, a_{nn}$ 倍したものになる．実際に試みられると明らかなように，これと反対に (m, n) 次のマトリクス $[B]$ に n 次の対角マトリクスを乗ずると，積のマトリクスは (m, n) 次になり，その各列は $[B]$ の各列にそれぞれ $a_{11}, a_{22}, \cdots\cdots, a_{nn}$ を乗じたものになる．次に対角マトリクスと対角マトリクスの積は，

$$\begin{bmatrix} a_{11} & 0 & \cdots & 0 \\ 0 & a_{22} & \cdots & 0 \\ \cdots\cdots\cdots\cdots \\ 0 & \cdots & \cdots & a_{nn} \end{bmatrix}\begin{bmatrix} b_{11} & 0 & \cdots & 0 \\ 0 & b_{22} & \cdots & 0 \\ \cdots\cdots\cdots\cdots \\ 0 & \cdots & \cdots & b_{nn} \end{bmatrix}=\begin{bmatrix} b_{11} & 0 & \cdots & 0 \\ 0 & b_{22} & \cdots & 0 \\ \cdots\cdots\cdots\cdots \\ 0 & \cdots & \cdots & b_{nn} \end{bmatrix}\begin{bmatrix} a_{11} & 0 & \cdots & 0 \\ 0 & a_{22} & \cdots & 0 \\ \cdots\cdots\cdots\cdots \\ 0 & \cdots & \cdots & a_{nn} \end{bmatrix}$$

$$=\begin{bmatrix} a_{11}b_{11} & 0 & \cdots & 0 \\ 0 & a_{22}b_{22} & \cdots & 0 \\ \cdots\cdots\cdots\cdots \\ 0 & \cdots & \cdots & a_{nn}b_{nn} \end{bmatrix}$$

のようになり，同次数の対角マトリクスで，この場合は交換法則が成立する．このように $[A]$, $[B]$ が共に対角マトリクスであると，その和，差，積もまた対角マトリクスになる．同様に三角マトリクスの和，差，積も三角マトリクスになる（対角マ

3 マトリクスと多端子回路網

単項マトリクス
との積

トリクスは三角マトリクスの1種である). また, 既述したように正方マトリクスで各行, 各列の要素の1つを除いて0である単項マトリクスの積は, 例えば,

$$\begin{bmatrix} 0 & 5 \\ 2 & 0 \end{bmatrix}\begin{bmatrix} -3 & 0 \\ 0 & 7 \end{bmatrix}=\begin{bmatrix} 0 & 35 \\ -6 & 0 \end{bmatrix}$$

というようにやはり単項マトリクスになる. この単項マトリクスで各行, 各列に1が1回ずつあらわれる置換マトリクスでは, その名が示すように, 例えば,

$$\begin{bmatrix} 0 & 0 & 1 \\ 0 & 1 & 0 \\ 1 & 0 & 0 \end{bmatrix}\begin{bmatrix} I_1 \\ I_2 \\ I_3 \end{bmatrix}=\begin{bmatrix} I_3 \\ I_2 \\ I_1 \end{bmatrix}, \quad \begin{bmatrix} 1 & 0 & 0 \\ 0 & 0 & 1 \\ 0 & 1 & 0 \end{bmatrix}\begin{bmatrix} I_1 \\ I_2 \\ I_3 \end{bmatrix}=\begin{bmatrix} I_1 \\ I_3 \\ I_2 \end{bmatrix}$$

というように $[I]$ の各行が置換される. また, 単項マトリクスは置換マトリクスと対角マトリクス (または対角マトリクスと置換マトリクス) に, 例えば次のように分解できる.

$$\begin{bmatrix} 5 & 0 & 0 \\ 0 & 0 & 3 \\ 0 & 2 & 0 \end{bmatrix}=\begin{bmatrix} 1 & 0 & 0 \\ 0 & 0 & 1 \\ 0 & 1 & 0 \end{bmatrix}\begin{bmatrix} 5 & 0 & 0 \\ 0 & 2 & 0 \\ 0 & 0 & 3 \end{bmatrix}=\begin{bmatrix} 5 & 0 & 0 \\ 0 & 3 & 0 \\ 0 & 0 & 2 \end{bmatrix}\begin{bmatrix} 1 & 0 & 0 \\ 0 & 0 & 1 \\ 0 & 1 & 0 \end{bmatrix}$$

既述したようにあるマトリクスの行と列を入れ換えたものを転置マトリクスといったが, マトリクス $[A]$, $[B]$ の転置マトリクスを $[A]_t$, $[B]_t$ とすると,

$$([A][B])_t = [B]_t [A]_t \tag{3·9}$$

になる. 例えば

$$[A]=\begin{bmatrix} a_{11} & a_{12} \\ a_{21} & a_{22} \end{bmatrix}, \quad [A]_t=\begin{bmatrix} a_{11} & a_{21} \\ a_{12} & a_{22} \end{bmatrix}$$

$$[B]=\begin{bmatrix} b_{11} & b_{12} \\ b_{21} & b_{22} \end{bmatrix}, \quad [B]_t=\begin{bmatrix} b_{11} & b_{21} \\ b_{12} & b_{22} \end{bmatrix}$$

$$[A][B]=\begin{bmatrix} a_{11}b_{11}+a_{12}b_{21} & a_{11}b_{12}+a_{12}b_{22} \\ a_{21}b_{11}+a_{22}b_{21} & a_{21}b_{12}+a_{22}b_{22} \end{bmatrix}$$

$$([A][B])_t=\begin{bmatrix} a_{11}b_{11}+a_{12}b_{21} & a_{21}b_{11}+a_{22}b_{21} \\ a_{11}b_{12}+a_{12}b_{22} & a_{21}b_{12}+a_{22}b_{22} \end{bmatrix}$$

$$[B]_t[A]_t=\begin{bmatrix} b_{11}a_{11}+b_{21}a_{12} & b_{11}a_{21}+b_{21}a_{22} \\ b_{12}a_{11}+b_{22}a_{12} & b_{12}a_{21}+b_{22}a_{22} \end{bmatrix}$$

となり,「マトリクスの積の転置マトリクスは各転置マトリクスを**順序を逆に**して乗じたものに等しくなる」

列マトリクス
行マトリクス

また, $(1, n)$ 次のマトリクス $[A]$ を列マトリクス (Row Matrix) といい, $(n, 1)$ 次のマトリクス $[B]$ を行マトリクス (Column Matrix) といい, $[A][B]$ は

$$\begin{bmatrix} a_{11} & a_{12} & \cdots\cdots & a_{1n} \end{bmatrix}\begin{bmatrix} b_{11} \\ b_{21} \\ \vdots \\ b_{n1} \end{bmatrix}=(a_{11}b_{11}+a_{12}b_{21}\cdots\cdots+a_{1n}b_{n1})$$

のような一つの数値となり, $[B][A]$ は

3·3 マトリクスの四則計算

$$\begin{bmatrix} b_{11} \\ b_{21} \\ \vdots \\ b_{n1} \end{bmatrix} \begin{bmatrix} a_{11} & a_{12} & \cdots & a_{1n} \end{bmatrix} = \begin{bmatrix} b_{11}a_{11} & b_{11}a_{12} & \cdots & b_{11}a_{1n} \\ b_{21}a_{11} & b_{21}a_{12} & \cdots & b_{21}a_{1n} \\ \cdots\cdots\cdots\cdots\cdots\cdots\cdots \\ b_{n1}a_{11} & b_{n1}a_{12} & \cdots & b_{n1}a_{1n} \end{bmatrix}$$

のように n 次の正方マトリクスになる．

分配法則　さらに，マトリクスの乗法でも**分配法則**が成立し，

$$([A]+[B])[C]=[A][C]+[B][C]$$

$$[C]([A]+[B])=[C][A]+[C][B] \tag{3·10}$$

となる．例えば，

$$\left(\begin{bmatrix} 4 & -2 \\ 0 & 2 \end{bmatrix} + \begin{bmatrix} 3 & 1 \\ 5 & 2 \end{bmatrix}\right)\begin{bmatrix} 2 & 0 \\ 3 & 1 \end{bmatrix} = \begin{bmatrix} 7 & -1 \\ 5 & 4 \end{bmatrix}\begin{bmatrix} 2 & 0 \\ 3 & 1 \end{bmatrix} = \begin{bmatrix} 11 & -1 \\ 22 & 4 \end{bmatrix}$$

$$= \begin{bmatrix} 2 & -2 \\ 6 & 2 \end{bmatrix} + \begin{bmatrix} 9 & 1 \\ 16 & 2 \end{bmatrix} = \begin{bmatrix} 11 & -1 \\ 22 & 4 \end{bmatrix}$$

のように同一の結果になる．

マトリクスの除法

(3) マトリクスの除法

ある数 C を A で除するということは，C に A の逆数 $A^{-1}=1/A$ を乗ずることと同じであって，マトリクスの場合も同様で，マトリクス $[C]$ をある数 β で除するということは，$1/\beta=\beta^{-1}$ を乗じることであって，$\alpha=1/\beta$ と考えると乗法の場合と同様になり，$[C]$ の要素のすべてに $1/\beta$ を乗ず——$[C]$ の全要素を β で除す——ればよい．さらにマトリクス $[C]$ をマトリクス $[A]$ で除する場合は $[C]$ に $[A]^{-1}$ を乗ずることになり，この $[A]^{-1}$ を元の $[A]$ に対する**逆マトリクス**（Inverse Matrix）という．結局，マトリクスの除法は除数となるマトリクスの逆マトリクスを求めて掛け算を行うことになる．しかし，この逆マトリクスの求められるのは，後述するように**正方マトリクスの場合**だけである．

マトリクスの行列式　**マトリクスの行列式**；n 次の正方マトリクス $[A]$ があるとき，この $[A]$ と同じ要素をもった行列式を**マトリクスの行列式**（Determinant of matrix）といい，これを $|A|$ というように記する．今，3次のマトリクスの行列式を展開すると，

$$\begin{vmatrix} a_{11} & a_{12} & a_{13} \\ a_{21} & a_{22} & a_{23} \\ a_{31} & a_{32} & a_{33} \end{vmatrix} = a_{11}a_{22}a_{33}+a_{21}a_{32}a_{13}+a_{31}a_{12}a_{23}-a_{13}a_{22}a_{31}-a_{23}a_{32}a_{11}-a_{33}a_{12}a_{21}$$

$$= a_{11}(a_{22}a_{33}-a_{23}a_{32})-a_{12}(a_{21}a_{33}-a_{23}a_{31})+a_{13}(a_{21}a_{32}-a_{22}a_{31})$$

$$= a_{11}\begin{vmatrix} a_{22} & a_{23} \\ a_{32} & a_{33} \end{vmatrix} - a_{12}\begin{vmatrix} a_{21} & a_{23} \\ a_{31} & a_{33} \end{vmatrix} + a_{13}\begin{vmatrix} a_{21} & a_{22} \\ a_{31} & a_{32} \end{vmatrix}$$

$$= a_{11}M_{11}-a_{12}M_{12}+a_{13}M_{13}$$

ただし，$M_{11}=\begin{vmatrix} a_{22} & a_{23} \\ a_{32} & a_{33} \end{vmatrix}$, $M_{12}=\begin{vmatrix} a_{21} & a_{23} \\ a_{31} & a_{33} \end{vmatrix}$, $M_{13}=\begin{vmatrix} a_{21} & a_{22} \\ a_{31} & a_{32} \end{vmatrix}$,

これは第1行の要素をもとにして展開したものであるが，第2行，第3行の要素に

3 マトリクスと多端子回路網

ついて展開すると，

$$|A| = -a_{21}M_{21} + a_{22}M_{22} - a_{23}M_{23}$$
$$= a_{31}M_{31} - a_{32}M_{32} + a_{33}M_{33}$$

ただし，$M_{21} = \begin{vmatrix} a_{21} & a_{13} \\ a_{32} & a_{33} \end{vmatrix}$, $M_{22} = \begin{vmatrix} a_{11} & a_{13} \\ a_{31} & a_{33} \end{vmatrix}$, $M_{23} = \begin{vmatrix} a_{11} & a_{12} \\ a_{31} & a_{32} \end{vmatrix}$

$M_{31} = \begin{vmatrix} a_{12} & a_{13} \\ a_{22} & a_{23} \end{vmatrix}$, $M_{32} = \begin{vmatrix} a_{11} & a_{13} \\ a_{21} & a_{23} \end{vmatrix}$, $M_{33} = \begin{vmatrix} a_{11} & a_{12} \\ a_{21} & a_{22} \end{vmatrix}$

余因子 このM_{11}をa_{11}の，M_{12}をa_{12}の……M_{33}をa_{33}の小行列式とも**余因子**ともいい，上記を観察すると自から明らかなように，一般にa_{ij}に対するM_{ij}は次に示すように，a_{ij}を通る行（第i行）と列（第j列）を除いたもので作った行列式であって，M_{ij}の符号は $(-1)^{(i+j)}$ になる．例えばM_{23}の符号は $(-1)^{2+3} = (-1)^5 = -1$ になる．

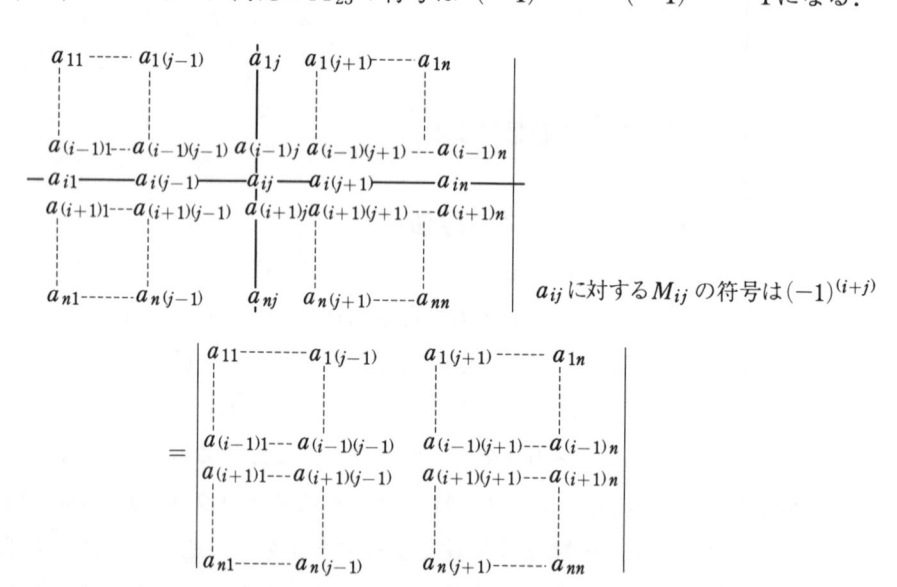

$$\begin{vmatrix} a_{11} & \cdots & a_{1(j-1)} & a_{1j} & a_{1(j+1)} & \cdots & a_{1n} \\ & & & \vdots & & & \\ a_{(i-1)1} & \cdots & a_{(i-1)(j-1)} & a_{(i-1)j} & a_{(i-1)(j+1)} & \cdots & a_{(i-1)n} \\ a_{i1} & \cdots & a_{i(j-1)} & a_{ij} & a_{i(j+1)} & \cdots & a_{in} \\ a_{(i+1)1} & \cdots & a_{(i+1)(j-1)} & a_{(i+1)j} & a_{(i+1)(j+1)} & \cdots & a_{(i+1)n} \\ & & & \vdots & & & \\ a_{n1} & \cdots & a_{n(j-1)} & a_{nj} & a_{n(j+1)} & \cdots & a_{nn} \end{vmatrix} \quad a_{ij}\text{に対する}M_{ij}\text{の符号は}(-1)^{(i+j)}$$

$$= \begin{vmatrix} a_{11} & \cdots & a_{1(j-1)} & a_{1(j+1)} & \cdots & a_{1n} \\ & & & & & \\ a_{(i-1)1} & \cdots & a_{(i-1)(j-1)} & a_{(i-1)(j+1)} & \cdots & a_{(i-1)n} \\ a_{(i+1)1} & \cdots & a_{(i+1)(j-1)} & a_{(i+1)(j+1)} & \cdots & a_{(i+1)n} \\ & & & & & \\ a_{n1} & \cdots & a_{n(j-1)} & a_{n(j+1)} & \cdots & a_{nn} \end{vmatrix}$$

行列式の展開 一般に**行列式の展開**は第1行または第1列をとって行うが，"0の要素の多い行または列をとると展開が容易になる"．例えば，次の行列式を0の多い第2行について展開すると

$$\begin{vmatrix} a & b & d \\ 0 & 0 & c \\ e & f & g \end{vmatrix} = -0 \times \begin{vmatrix} b & d \\ f & g \end{vmatrix} + 0 \times \begin{vmatrix} a & d \\ e & g \end{vmatrix} - c \begin{vmatrix} a & b \\ e & f \end{vmatrix}$$
$$= cbe - caf$$

というように簡単に求められる．これは行列式展開の一つのコツだから記憶しておかれたい．

逆マトリクス 逆マトリクスの求め方；ある数Aの逆数を$A^{-1} = 1/A$とすると明らかに$AA^{-1} = 1$になる．マトリクスにおいても同様であって，あるマトリクス$[A]$の逆マトリクスを$[A]^{-1}$とすると$[A]$と$[A]^{-1}$の積は単位マトリクス$[U]$にならねばならない．今，2次の正方マトリクス$[A]$の逆マトリクスを$[B]$とすると，上述から

$$\begin{bmatrix} a_{11} & a_{12} \\ a_{21} & a_{22} \end{bmatrix} \begin{bmatrix} b_{11} & b_{12} \\ b_{21} & b_{22} \end{bmatrix} = \begin{bmatrix} 1 & 0 \\ 0 & 1 \end{bmatrix}$$

3·3 マトリクスの四則計算

とならねばならない．とすると次の連立方程式が成立することになる．

$$
\begin{array}{cccc}
(b_{11}) & (b_{12}) & (b_{21}) & (b_{21}) \\
a_{11}b_{11} & & +a_{12}b_{21} & =1 \\
& a_{11}b_{12} & & +a_{12}b_{23}=0 \\
a_{21}b_{11} & & +a_{22}b_{21} & =0 \\
& a_{21}b_{12} & & +a_{22}b_{22}=1
\end{array}
$$

この4元1次連立方程式を2章の行列式を用いて解くと

$$
b_{11} = \frac{\begin{vmatrix} 1 & 0 & a_{12} & 0 \\ 0 & a_{11} & 0 & a_{12} \\ 0 & 0 & a_{22} & 0 \\ 1 & a_{21} & 0 & a_{22} \end{vmatrix}}{\begin{vmatrix} a_{11} & 0 & a_{12} & 0 \\ 0 & a_{11} & 0 & a_{12} \\ a_{21} & 0 & a_{22} & 0 \\ 0 & a_{21} & 0 & a_{22} \end{vmatrix}} = \frac{a_{11}a_{22}{}^2 - a_{12}a_{22}a_{21}}{a_{11}{}^2a_{22}{}^2 + a_{21}{}^2a_{12}{}^2 - 2a_{12}a_{22}a_{21}a_{11}}
$$

$$
= \frac{a_{22}(a_{11}a_{22} - a_{12}a_{21})}{(a_{11}a_{22} - a_{21}a_{12})^2} = \frac{a_{22}}{a_{11}a_{22} - a_{21}a_{12}}
$$

$$
= \frac{a_{22}}{\begin{vmatrix} a_{11} & a_{12} \\ a_{21} & a_{22} \end{vmatrix}} = \frac{a_{22}}{|A|}
$$

同様にして，$b_{12} = \dfrac{-a_{12}}{|A|}$, $b_{21} = \dfrac{-a_{21}}{|A|}$, $b_{22} = \dfrac{a_{11}}{|A|}$ となり

$$
[A]^{-1} = \frac{1}{|A|} \begin{bmatrix} a_{22} & -a_{12} \\ -a_{21} & a_{11} \end{bmatrix}
$$

というように求められる．

さらに，3次の正方マトリクスの逆マトリクスを同様にして求めると，9元1次連立方程式を解くことになり，その結果は

原マトリクス $[A] = \begin{bmatrix} a_{11} & a_{12} & a_{13} \\ a_{21} & a_{22} & a_{23} \\ a_{31} & a_{32} & a_{33} \end{bmatrix}$ に対して

$[A]^{-1}$ の各要素は $b_{11}, b_{12}, \cdots\cdots, b_{22}, \cdots\cdots, b_{33}$ は

$$
b_{11} = \frac{\begin{vmatrix} a_{22} & a_{32} \\ a_{23} & a_{33} \end{vmatrix}}{|A|} = \frac{M_{11}}{|A|}, \quad b_{12} = \frac{-\begin{vmatrix} a_{12} & a_{32} \\ a_{13} & a_{33} \end{vmatrix}}{|A|} = \frac{-M_{12}}{|A|},
$$

$$
\cdots\cdots, b_{22} = \frac{\begin{vmatrix} a_{11} & a_{31} \\ a_{13} & a_{33} \end{vmatrix}}{|A|} = \frac{M_{22}}{|A|}, \quad \cdots\cdots, b_{33} = \frac{\begin{vmatrix} a_{11} & a_{21} \\ a_{12} & a_{22} \end{vmatrix}}{|A|} = \frac{M_{33}}{|A|}
$$

というようになる．

さらに，4次の正方マトリクスの逆マトリクスも同様な要領で求めることができる．それらを帰納して考えると，ある正方マトリクス $[A]$ の逆マトリクス $[A]^{-1}$ は次のような手順で求められることが分る．

3 マトリクスと多端子回路網

手順1：$[A]$の行と列を入れ換えた転置マトリクス$[A]_t$を作る．

例えば 2次では $[A]_t = \begin{bmatrix} a_{11} & a_{21} \\ a_{12} & a_{22} \end{bmatrix}$，3次では $[A]_t = \begin{bmatrix} a_{11} & a_{21} & a_{31} \\ a_{12} & a_{22} & a_{32} \\ a_{13} & a_{23} & a_{33} \end{bmatrix}$

随伴マトリクス

手順2：この$[A]_t$を前に示した行列式での余因子（小行式）におきかえる．すなわちM_{ij}は$[A]_t$の第i行と第j行を除いた行列となり，これをa_{ij}の**随伴マトリクス**（Adjoint Matrix）といい，余因子の場合とちがって転置マトリクスのそれであることに注意されたい．その結果を

$\begin{bmatrix} M_{11} & -M_{12} & \cdots & M_{1n} \\ -M_{21} & M_{22} & \cdots & M_{2n} \\ \vdots & \vdots & & \vdots \\ M_{n1} & M_{n2} & \cdots & M_{nn} \end{bmatrix}$ その符号は $(-1)^{(i+j)}$ によって定められる．

とおく．前の3次の場合でM_{32}は$[A]_t$のa_{23}に相当し，$[A]_t$の第3行と第2列を除いた行列に相当し

$$M_{23} = (-1)^{2+3} \begin{vmatrix} a_{11} & a_{31} \\ a_{12} & a_{32} \end{vmatrix} = - \begin{vmatrix} a_{11} & a_{31} \\ a_{12} & a_{32} \end{vmatrix}$$

というようになる．

手順3：各要素を、$[A]$の$|A|$で除すると$[A]^{-1}$がえられる．すなわち

$$[A]^{-1} = \frac{1}{|A|} \begin{bmatrix} M_{11} & \cdots & M_{1n} \\ \vdots & & \vdots \\ M_{n1} & \cdots & M_{nn} \end{bmatrix} \tag{3・11}$$

【例1】 $[A] = \begin{bmatrix} 2 & 1 \\ -4 & 3 \end{bmatrix}$ の逆マトリクスを求めよ．

$[A]_t = \begin{bmatrix} 2 & -4 \\ 1 & 3 \end{bmatrix}$ となり，$|A| = 6 - (-4 \times 1) = 10$

$[A]^{-1} = \frac{1}{10} \begin{bmatrix} 3 & -1 \\ 4 & 2 \end{bmatrix} = \begin{bmatrix} 0.3 & -0.1 \\ 0.4 & 0.2 \end{bmatrix}$

検 算： $[A][A]^{-1} = \begin{bmatrix} 2 & 1 \\ -4 & 3 \end{bmatrix} \begin{bmatrix} 0.3 & -0.1 \\ 0.4 & 0.2 \end{bmatrix} = \begin{bmatrix} 1 & 0 \\ 0 & 1 \end{bmatrix}$

【例2】 $[A] = \begin{bmatrix} 5 & 0 & 3 \\ 0 & 4 & 1 \\ 0 & 3 & 1 \end{bmatrix}$ の逆マトリクスを求めよ．

$[A]_t = \begin{bmatrix} 5 & 0 & 0 \\ 0 & 4 & 3 \\ 3 & 1 & 1 \end{bmatrix}$ となり，$|A|$の展開は0の多い第1列について行うと

$|A| = 5 \times \begin{bmatrix} 4 & 1 \\ 3 & 1 \end{bmatrix} = 5$

3·3 マトリクスの四則計算

$$[A]^{-1} = \frac{1}{5}\begin{bmatrix} 1 & 9 & -12 \\ 0 & 5 & -5 \\ 0 & -15 & 20 \end{bmatrix} = \begin{bmatrix} 0.2 & 1.8 & -2.4 \\ 0 & 1 & -1 \\ 0 & -3 & 4 \end{bmatrix}$$

検 算：$\begin{bmatrix} 5 & 0 & 3 \\ 0 & 4 & 1 \\ 0 & 3 & 1 \end{bmatrix}\begin{bmatrix} 0.2 & 1.8 & -2.4 \\ 0 & 1 & -1 \\ 0 & -3 & 4 \end{bmatrix} = \begin{bmatrix} 1 & 0 & 0 \\ 0 & 1 & 0 \\ 0 & 0 & 1 \end{bmatrix}$

【例3】 $[Z] = \begin{bmatrix} Z_{11} & Z_{12} & Z_{13} \\ Z_{21} & Z_{22} & Z_{23} \\ Z_{31} & Z_{32} & Z_{33} \end{bmatrix}$ の逆マトリクスを求めよ.

<small>インピーダンス
マトリクス
アドミタンス
マトリクス</small>

これは明らかに3相回路のインピーダンス・マトリクス（インピーダンス行列）$[Z]$であって，その逆数はアドミタンス・マトリクス$[Y]$になる．さて$[Z]$の転置マトリクスは

$$[Z]_t = \begin{bmatrix} Z_{11} & Z_{21} & Z_{31} \\ Z_{12} & Z_{22} & Z_{32} \\ Z_{13} & Z_{23} & Z_{33} \end{bmatrix}$$

$[Z]$の第1列をとって$[Z]$を展開すると

$$|Z| = Z_{11}\begin{vmatrix} Z_{22} & Z_{23} \\ Z_{32} & Z_{33} \end{vmatrix} + Z_{21}\begin{vmatrix} Z_{12} & Z_{13} \\ Z_{32} & Z_{33} \end{vmatrix} + Z_{31}\begin{vmatrix} Z_{12} & Z_{13} \\ Z_{22} & Z_{23} \end{vmatrix}$$
$$= Z_{11}(Z_{22}Z_{33} - Z_{23}Z_{32}) + Z_{21}(Z_{12}Z_{33} - Z_{13}Z_{32}) + Z_{31}(Z_{12}Z_{23} - Z_{13}Z_{22})$$

$$[Z]^{-1} = [Y] = \frac{1}{|Z|}\begin{bmatrix} M_{11} & -M_{12} & M_{13} \\ -M_{21} & M_{22} & -M_{23} \\ M_{31} & -M_{32} & M_{33} \end{bmatrix}$$

ただし $M_{11} = \begin{vmatrix} Z_{22} & Z_{32} \\ Z_{23} & Z_{33} \end{vmatrix} = Z_{22}Z_{33} - Z_{32}Z_{23}$

$M_{21} = \begin{vmatrix} Z_{12} & Z_{32} \\ Z_{13} & Z_{33} \end{vmatrix} = Z_{12}Z_{33} - Z_{32}Z_{13}$

....

$M_{33} = \begin{vmatrix} Z_{11} & Z_{21} \\ Z_{12} & Z_{22} \end{vmatrix} = Z_{11}Z_{22} - Z_{21}Z_{12}$

前述したように，正方マトリクスだけが逆マトリクスを有する．何故なら，かりに (2, 3) 次のマトリクス$[A]$の逆マトリクスを，(3, 2) 次のマトリクス$[B]$とすると

$$\begin{bmatrix} a_{11} & a_{12} & a_{13} \\ a_{21} & a_{22} & a_{23} \end{bmatrix}\begin{bmatrix} b_{11} & b_{12} \\ b_{21} & b_{22} \\ b_{31} & b_{32} \end{bmatrix} = \begin{bmatrix} 1 & 0 \\ 0 & 1 \end{bmatrix}$$

となって，未知数$b_{11}, b_{12}\cdots b_{32}$の六つに対し方程式は四つで不足し未知数の値が定まらない．また，(3, 2) 次の逆マトリクスを (2, 3) 次とすると未知数六つに対し

3 マトリクスと多端子回路網

方程式の数は九つで過剰になって未知数は定まらない．結局，未知数の数と方程式の数が一致する正方マトリクスしか逆マトリクスは求められないことになる．

　この正方マトリクスでも $|A|=0$ のときは逆マトリクスが存在しない．このときの $[A]$ を**特異マトリクス**（Singular Matrix）といい，$|A|\neq 0$ のときの $[A]$ を**正則マトリクス**（Regular or Nonsingular Matrix）という．この正則マトリクスの逆マトリクスは同次の正則マトリクスになる．

　また $[A]$ が対称マトリクスであると $[A]^{-1}$ も対称マトリクスになり，$[A]$ が対角マトリクスだと $[A]^{-1}$ も対角マトリクスになり，対角線上の要素は前の逆になる．すなわち

$$\begin{bmatrix} a_{11} & 0 & \cdots\cdots & 0 \\ 0 & a_{22} & \cdots\cdots & 0 \\ \multicolumn{4}{c}{\cdots\cdots\cdots\cdots\cdots} \\ 0 & \cdots\cdots\cdots & & a_{nn} \end{bmatrix}^{-1} = \begin{bmatrix} \dfrac{1}{a_{11}} & 0 & \cdots\cdots & 0 \\ 0 & \dfrac{1}{a_{22}} & \cdots\cdots & 0 \\ \multicolumn{4}{c}{\cdots\cdots\cdots\cdots\cdots} \\ 0 & \cdots\cdots\cdots & & \dfrac{1}{a_{nn}} \end{bmatrix} \tag{3・12}$$

なお，$[A]\times[A]^{-1}=[U]$ において $[A]^{-1}$ の左乗積を作ると

$$[A]^{-1}[A][A]^{-1}=[A]^{-1}[U]$$

これに $[A]$ の右乗積を作ると $[U][A]=[A][U]$ であったから

$$\{[A]^{-1}[A]\}[A]^{-1}[A]=\{[A]^{-1}[A]\}[U],\quad [A]^{-1}[A]=[U]$$

$$\therefore\quad [A][A]^{-1}=[A]^{-1}[A]=[U] \tag{3・13}$$

になる．さらにマトリクスの積の逆マトリクスは

$$[C]=([A][B])^{-1},\quad とおいて$$

この両辺に $([A][B])$ の右乗積を作ると

$$[C][A][B]=([A][B])^{-1}([A][B])=[U]$$

この両辺に $[B]^{-1}[A]^{-1}$ の右乗積を作ると

$$[C][A][B][B]^{-1}[A]^{-1}=[B]^{-1}[A]^{-1}$$

$$[C][A][U][A]^{-1}=[C][A][A]^{-1}=[C]=[B]^{-1}[A]^{-1}$$

$$\therefore\quad [C]=([A][B])^{-1}=[B]^{-1}[A]^{-1} \tag{3・14}$$

となる．この関係も大切であるから記憶しておかれたい．

　あるいはまた，この関係を用いて

$$[A]([A]+[B])^{-1}=([A][A]^{-1}+[B][A]^{-1})^{-1}=([U]+[B][A]^{-1})^{-1}$$

$$([A]+[B])^{-1}[B]=([B]^{-1}[A]+[B]^{-1}[B])^{-1}=([B]^{-1}[A]+[U])^{-1}$$

になるので，

――特異マトリクス
――正則マトリクス
――マトリクスの積の逆マトリクス

$$[A]([A]+[B])^{-1}[B]=[B]([A]+[B])^{-1}[A] \tag{3・15}$$

$$\begin{aligned}([A]+[B])^{-1}&=[A]^{-1}\left([A]^{-1}+[B]^{-1}\right)^{-1}[B]^{-1}\\&=[B]^{-1}\left([A]^{-1}+[B]^{-1}\right)^{-1}[A]^{-1}\end{aligned} \tag{3・16}$$

$$([U]-[A])([U]+[A])^{-1}=([U]+[A])^{-1}([U]-[A]) \tag{3・17}$$

などの関係式がえられる.

さて,以上で,マトリクスを利用する上での一通りの基礎知識を述べたわけであるが,マトリクスの理論としては,ごく初歩的な部分にとどまったわけで,実はこれからのマトリクスの微積分や固有方程式と固有根,ハミルトンやシルベスタの定理など,それに一次変換や二次形式などにマトリクスの理論としての真の面白さや応用があるわけであるが,これらは別の機会にゆずって,次に上述したマトリクスの応用として多端子電気回路網の解析について述べることにしよう.

3・4 マトリクスによる電気回路網の解析

(1) 電気回路基本定理のマトリクス的表示

例えば,図3・1のように起電力 E_1, E_2, ……, E_n, 自己インピーダンス Z_{11}, Z_{22}, ……, Z_{nn}, それらの間の相互インピーダンスが Z_{12}, Z_{21}, Z_{13}, ……, Z_{ij}, ……である回路網に**キルヒホッフの法則**を適用すると

キルヒホッフの法則

$$Z_{11}I_1+Z_{12}I_2+\cdots\cdots+Z_{1n}I_n=E_1$$
$$Z_{21}I_1+Z_{22}I_2+\cdots\cdots+Z_{2n}I_n=E_2$$
$$\cdots\cdots\cdots\cdots\cdots\cdots\cdots\cdots\cdots\cdots\cdots\cdots\cdots\cdots\cdots\cdots$$
$$Z_{n1}I_1+Z_{n2}I_2+\cdots\cdots+Z_{nn}I_n=E_n$$

なる等式が成立する.

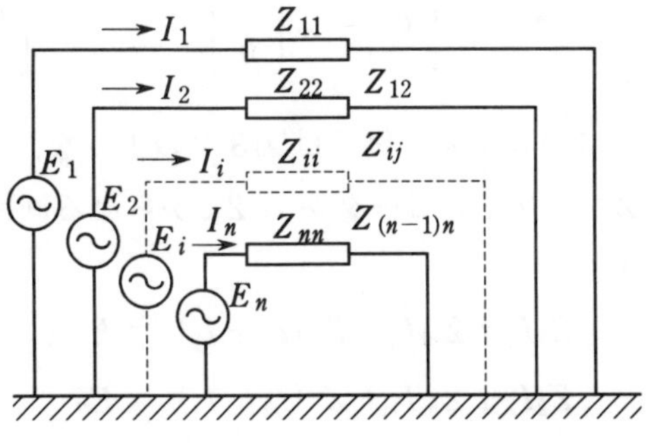

図 3・1 キルヒホッフの法則のマトリクス表示

注: 上記の電圧,電流,インピーダンスはいずれも複素量であるが,その記号・(ドット)を省略した.以下も同様で,この章ではすべて省略している.

これをマトリクスを用いてあらわすと

3 マトリクスと多端子回路網

$$\begin{bmatrix} Z_{11} & Z_{12} & \cdots\cdots & Z_{1n} \\ Z_{21} & Z_{22} & \cdots\cdots & Z_{2n} \\ \multicolumn{4}{c}{\cdots\cdots\cdots\cdots\cdots\cdots\cdots} \\ Z_{n1} & Z_{n2} & \cdots\cdots & Z_{nn} \end{bmatrix} \begin{bmatrix} I_1 \\ I_2 \\ \vdots \\ I_n \end{bmatrix} = \begin{bmatrix} E_1 \\ E_2 \\ \vdots \\ E_n \end{bmatrix} \tag{3・18}$$

電気回路網 ただし，**電気回路網**では $Z_{ij}=Z_{ji}$ $(i, j=1, 2, \cdots\cdots, n)$ が成立するので $[Z]$ は対称マトリクスになり，$[Z]=[Z]_t$ および $[Y]=[Y]_t$ が成立する．

上記を一般的に書くと

$$[Z][I]=[E] \tag{3・19}$$

オームの法則 これはオームの法則をマトリクス的に表示したもので，$[I][Z]$ と書けない——計算ができない——ことに注意を要する．$[Z]$ を正則マトリクスとして上式に $[Z]^{-1}=[Y]$ の左乗積を作ると

$$[Z]^{-1}[Z][I]=[Z]^{-1}E$$

$$\therefore\quad [I]=[Z]^{-1}E=[Y][E]$$

となり，ここで

$$[Y]=[Z]^{-1}=\frac{1}{|Z|}\begin{bmatrix} M_{11} & M_{12} & \cdots\cdots & M_{1n} \\ M_{21} & M_{22} & \cdots\cdots & M_{2n} \\ \multicolumn{4}{c}{\cdots\cdots\cdots\cdots\cdots\cdots\cdots} \\ M_{n1} & M_{n2} & \cdots\cdots & M_{nn} \end{bmatrix} \tag{3・20}$$

であって，M_{ij} の求め方は既述した通りで，その符号は $(-1)^{(i+j)}$ によって定められる．この $[Z]$ が**インピーダンス・マトリクス**（Impedance Matrix）であり，$[Y]$ が**アドミタンス・マトリクス**（Admittance Matrix）である．

インピーダンスマトリクス
アドミタンスマトリクス
重ねの法則

さて，電気回路網における**重ねの法則**（Law of superposition）によると，回路網中にいくつかの起電力がふくむときは，各起電力が一つづつあるものとして，他の起電力を0と考えて（その内部インピーダンスは残しておく）電流分布を求めて，その和をとればよい．このマトリクス的表現は

$$[I]=[Y]\begin{bmatrix} E_1 \\ 0 \\ \vdots \\ 0 \end{bmatrix}+[Y]\begin{bmatrix} 0 \\ E_2 \\ 0 \\ \vdots \\ 0 \end{bmatrix}+\cdots\cdots+[Y]\begin{bmatrix} 0 \\ \vdots \\ 0 \\ E_n \end{bmatrix} \tag{3・21}$$

というようになる．例えば図3・2のような，起電力 E_1, E_2, 自己インピーダンス Z_1, Z_2, Z, 相互インピーダンス Z_m からなる回路の網目電流を図のように I_1, I_2 と仮定すると，

$$Z_1 I_1 \pm Z_m I_2 + Z(I_1+I_2) = E_1$$
$$Z_2 I_2 \pm Z_m I_1 + Z(I_2+I_1) = E_2$$

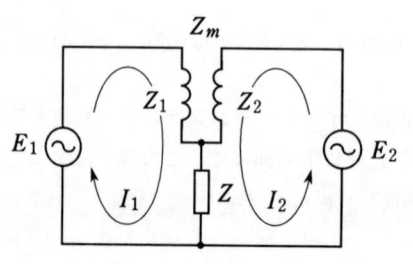

図3・2 重ねの理のマトリクス表示

3・4 マトリクスによる電気回路網の解析

これを I_1, I_2 について整理すると

$$(Z_1+Z)I_1 + (Z \pm Z_m)I_2 = E_1$$
$$(Z \pm Z_m)I_1 + (Z_2+Z)I_2 = E_2$$

となり，この2式から行列式による解法で I_1, I_2 が求められるが，マトリクスによると，I_1 に関する Z_{11} は Z_1+Z となり，I_2 に関する Z_{22} は Z_2+Z になり，両者に共通する $Z_{12}=Z_{21}=Z \pm Z_m$ となって，

$$[Z]=[Z]_t = \begin{bmatrix} Z_1+Z & Z \pm Z_m \\ Z \pm Z_m & Z_2+Z \end{bmatrix}$$

になるので，

$$[Y]=[Z]^{-1} = \frac{1}{|Z|}\begin{bmatrix} Z_2+Z & -(Z \pm Z_m) \\ -(Z \pm Z_m) & Z_1+Z \end{bmatrix}$$

ただし，$|Z| = (Z_1+Z)(Z_2+Z) - (Z \pm Z_m)^2$

$$[I] = \frac{1}{|Z|}\left\{\begin{bmatrix} Z_2+Z & -(Z \pm Z_m) \\ -(Z \pm Z_m) & Z_1+Z \end{bmatrix}\begin{bmatrix} E_1 \\ 0 \end{bmatrix} + \begin{bmatrix} Z_2+Z & -(Z \pm Z_m) \\ -(Z \pm Z_m) & Z_1+Z \end{bmatrix}\begin{bmatrix} 0 \\ E_2 \end{bmatrix}\right\}$$

$$[I] = \begin{bmatrix} I_1 \\ I_2 \end{bmatrix} = \frac{1}{|Z|}\begin{bmatrix} (Z_2+Z)E_1 - (Z \pm Z_m)E_2 \\ (Z_1+Z)E_2 - (Z \pm Z_m)E_1 \end{bmatrix}$$

というように求められる．

次に，ある回路網の起電力が E_1, E_2, ……, E_n であるときの電流分布を I_1, I_2, ……, I_n とし，この起電力が E_1', E_2', ……, E_n' に変化したときの電流分布を I_1', I_2', ……, I_n' とすると，

$$[E]_t = ([Z][I])_t = [I]_t[Z]_t = [I]_t[Z]$$

ただし，$[Z]$ は対称マトリクスで $[Z]_t = [Z]$

この両辺に $[I']$ の右乗積を作ると

$$[E]_t[I'] = [I]_t[Z][I'] = [I]_t[E']$$

ということは

$$[E_1, E_2, \ldots, E_n]\begin{bmatrix} I_1' \\ I_2' \\ \vdots \\ I_n' \end{bmatrix} = [I_1, I_2, \ldots, I_n]\begin{bmatrix} E_1' \\ E_2' \\ \vdots \\ E_n' \end{bmatrix} \quad (3\cdot22)$$

すなわち，$E_1I_1' + E_2I_2' + \cdots + E_nI_n' = E_1'I_1 + E_2'I_2 + \cdots + E_n'I_n$

相反定理 | これは明らかに**相反定理**（Reciprocity Theorem）である．例えば図3・3の(a)図に示すように，回路網の1網路①に起電力 E_1 を加えたとき，他の網路②に流れる電流を I_2 とし，次に(b)図のように，網路②に起電力 E_2 を加えたときの網路①の電流を I_1 とすると，上述の相反の定理によって $E_1I_1 = E_2I_2$ になる．今，かりに $E_1 = 50$ V，$I_2 = 10$ A とすると，$E_2 = 20$ V としたときの

$$I_1 = \frac{E_2I_2}{E_1} = \frac{20 \times 10}{50} = 4 \text{ A} \quad \text{になる．}$$

3 マトリクスと多端子回路網

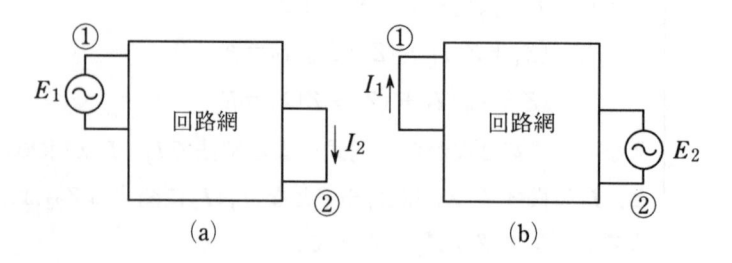

図 3・3 相反定理のマトリクス表示

補償定理　また，図3・4のような任意の電気回路網のある網路⒩の自己インピーダンスをZ_{nn}，その電流をI_nとしたとき，スイッチSを開いてZ_{nn}にΔZ_{nn}の変化を与えたとき，各

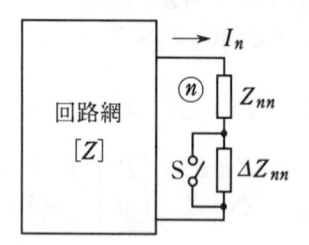

図 3・4 補償定理のマトリクス表示

網路電流がどのように変化するかを考察してみよう．このときの網路各部の電流変化を$[\Delta I]$とし，回路網全体について考えると

$$[I]+[\Delta I]=\left\{\begin{bmatrix} Z_{11} & \cdots & Z_{1n} \\ \vdots & & \vdots \\ Z_{n1} & \cdots & Z_{nn} \end{bmatrix}+\begin{bmatrix} 0 & \cdots & 0 \\ \vdots & & \vdots \\ 0 & \cdots & \Delta Z_{nn} \end{bmatrix}\right\}^{-1}[E]$$

ただし，$[I]=[Z]^{-1}[E]$

上式を，$[I]+[\Delta I]=([Z]+[\Delta Z_{nn}])^{-1}[E]$　とおくと

$$\begin{aligned}
[\Delta I] &= \left\{([Z]+[\Delta Z_{nn}])^{-1}-[Z]^{-1}\right\}[E] \\
&= ([Z]+[\Delta Z_{nn}])^{-1}\left\{[U]-([Z]+[\Delta Z_{nn}])[Z]^{-1}\right\}[E] \\
&= ([Z]+[\Delta Z_{nn}])^{-1}\left\{[U]-[U]-[\Delta Z_{nn}][Z]^{-1}\right\}[E] \\
&= ([Z]+[\Delta Z_{nn}])^{-1}(-[\Delta Z_{nn}][Z]^{-1})[E] \\
&= ([Z]+[\Delta Z_{nn}])^{-1}(-[\Delta Z_{nn}][I])
\end{aligned}$$

ただし，$[U]=[1]=\begin{bmatrix} 1 & \cdots\cdots\cdots & 0 \\ 0 & 1 & \cdots\cdots & 0 \\ \cdots\cdots\cdots\cdots \\ 0 & \cdots\cdots\cdots & 1 \end{bmatrix}$

さて，上式の$-[\Delta Z_{nn}][I]$を計算すると，

$$-\begin{bmatrix} 0 & \cdots\cdots\cdots & 0 \\ \vdots & & \vdots \\ 0 & \cdots\cdots & \Delta Z_{nn} \end{bmatrix}\begin{bmatrix} I_1 \\ I_2 \\ \vdots \\ I_n \end{bmatrix}=\begin{bmatrix} 0 \\ 0 \\ \vdots \\ -\Delta Z_{nn}I_n \end{bmatrix}$$

となるので，

3·4　マトリクスによる電気回路網の解析

$$[\Delta I] = \begin{bmatrix} \Delta I_1 \\ \Delta I_2 \\ \vdots \\ \Delta I_n \end{bmatrix} = \begin{bmatrix} Z_{11} & \cdots\cdots\cdots & Z_{1n} \\ \vdots & & \vdots \\ Z_{n1} & \cdots\cdots & Z_{nn}+\Delta Z_{nn} \end{bmatrix}^{-1} \begin{bmatrix} 0 \\ 0 \\ \vdots \\ -\Delta Z_{nn} I_n \end{bmatrix} \quad (3\cdot 23)$$

補償定理

になる．この式から明らかなように，回路網中のある網路⑪の電流をI_n，自己インピーダンスをZ_{nn}としたとき，このZ_{nn}を$(Z_{nn}+\Delta Z_{nn})$に変化すると，回路網各部の電流の変化は，他の部分の起電力のことごとくを除いて，網路⑪に$-\Delta Z_{nn} I_n$なる起電力を加えたときに，各部分に流れる電流に等しいことが分る．これが**補償定理**（Compensation Theorem）といわれているものである．

例えば，図3·5のような自己アドミタンス，Y_1，Y_2，Y_3，それらの間の相互アドミタンスがY_m，各起電力をE_1，E_2，E_3とすると各網路の電流は

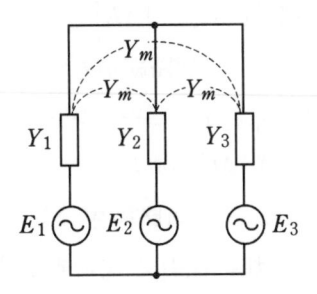

図3·5　補償定理の応用例

$$[I] = \begin{bmatrix} I_1 \\ I_2 \\ I_3 \end{bmatrix} = \begin{bmatrix} Y_1 & Y_m & Y_m \\ Y_m & Y_2 & Y_m \\ Y_m & Y_m & Y_3 \end{bmatrix} \begin{bmatrix} E_1 \\ E_2 \\ E_3 \end{bmatrix} = \begin{bmatrix} Y_1 E_1 + Y_m(E_2+E_3) \\ Y_2 E_2 + Y_m(E_3+E_1) \\ Y_3 E_3 + Y_m(E_1+E_2) \end{bmatrix}$$

となる．このY_3を$(Y_3-\Delta Y_3)$に変化——アドミタンスが減少するということはインピーダンスが増加したことに相当する——したときの各部の電流変化は

$$[\Delta I] = \begin{bmatrix} \Delta I_1 \\ \Delta I_2 \\ \Delta I_3 \end{bmatrix} = \begin{bmatrix} Y_1 & Y_m & Y_m \\ Y_m & Y_2 & Y_m \\ Y_m & Y_m & Y_3+\Delta Y_3 \end{bmatrix} \begin{bmatrix} 0 \\ 0 \\ -\dfrac{1}{\Delta Y_3} I_3 \end{bmatrix}$$

$$= \begin{bmatrix} -\dfrac{Y_m}{\Delta Y_3}\{Y_3 E_3 + Y_m(E_1+E_2)\} \\ 同\quad 上 \\ -\dfrac{Y_3+\Delta Y_3}{\Delta Y_3}\{Y_3 E_3 + Y_m(E_1+E_2)\} \end{bmatrix}$$

というようになる．なお上記では1網路のインピーダンスを変化した場合について述べたが，電流群$[I_m]$が流れている任意のmの網路群のインピーダンスを$[\Delta Z_m]$だけ変化した場合も同様で，回路網の電流変化$[\Delta I]$は下記のようになる——マトリクスのとり方については次項を参照——．

$$[\Delta I] = ([Z]+[\Delta Z_m])^{-1}(-[\Delta Z_m][I_m]) \quad (3\cdot 24)$$

3 マトリクスと多端子回路網

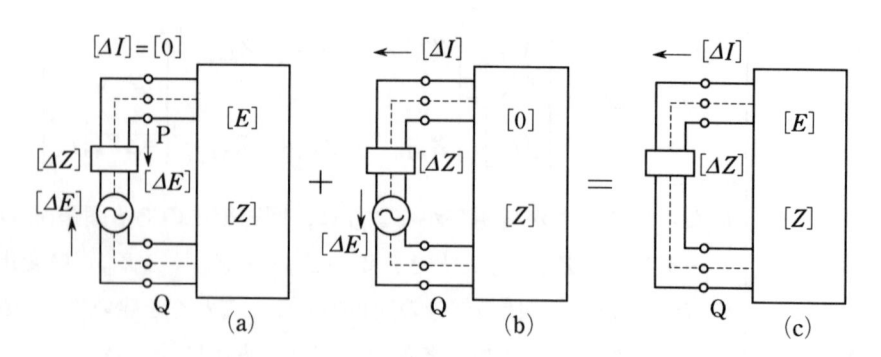

図3・6 テブナンの定理のマトリクス表示

さらに図3・6の(a)図に示すように，回路網中の任意の端子群PQ間の電圧群を$[\Delta E]$としたとき，これと反対方向の起電力群$[\Delta E]$とインピーダンス群$[\Delta Z]$を有する回路をPQ端子群間に接続すると，$[\Delta E]$どうしが打ち消し合って電流群が流れない（$[\Delta I]=[0]$）．次に(b)図のように回路網中のすべての起電力群を除き（$[E]\to[0]$）(a)と反対方向の起電力群$[\Delta E]$とインピーダンス群$[\Delta Z]$を有する回路をPQ端子群間に接続すると，これに電流群$[\Delta I]$が流れる．この(a)と(b)を重ね合わすと$[\Delta E]$は打ち消し合って，(c)図のように回路網中の任意の端子群間にインピーダンス群$[\Delta E]$を接続したとき，これに流れる電流群$[\Delta I]$をあらわすことになり，この$[\Delta I]$は(b)図によって求められることが明らかにわかる．従って，

$$[\Delta I]=([Z]+[\Delta Z])^{-1}[\Delta E] \tag{3・25}$$

によって求められる．すなわち，

「起電力群をふくむ回路網中の任意の端子群間の電圧群を$[\Delta E]$とすると，この端子群間にインピーダンス群$[\Delta Z]$を接続すると，これらに流れる電流群$[\Delta I]$は$([Z]+[\Delta Z])^{-1}$に$[\Delta E]$を乗じたものになる．ただし，$[Z]$は回路網中の起電力群のすべてを[0]としたとき——起電力の内部インピーダンス群は残置する——，その端子群から見た回路網のインピーダンス・マトリクスである」

あるいは，これをいいかえると

「起電力群をふくむ回路網の任意の網路群——そのインピーダンス・マトリクスは$[\Delta Z]$——に流れる電流群$[\Delta I]$は，この網路群を開いたときあらわれる電圧群を$[\Delta E]$とすると

$$[\Delta I]=([Z]+[\Delta Z])^{-1}[\Delta E]$$

によって求められる．ただし，$[Z]$は前記したように開路側から見た回路網のインピーダンス・マトリクスである」

テブナンの定理　これが，拡張されたテブナンの定理（Thevenin's theorem）である．

例えば，図3・7(a)に示すような$(m+r)$導線系において，線路上P点の電位群を$[V_p]_{m+r}$とし，その左右の線路のインピーダンス・マトリクスを$[z]_{m+r,m+r}$としたとき，P点において，インピーダンス群$[Z_0]_{mm}$を通じて，$(m+r)$導線系のうちm導線系が地絡したとすると，これに流れる地絡電流群$[I_p]_m$に対し，上述の拡張されたテブナンの定理を用いると，(b)図のような等価回路がえられる．——なお，こ

3·4 マトリクスによる電気回路網の解析

の場合，P点左右の線路のインピーダンス・マトリクスが相等しいので，r導線系の電流群 $[I]_r = [0]_r$ になる――．

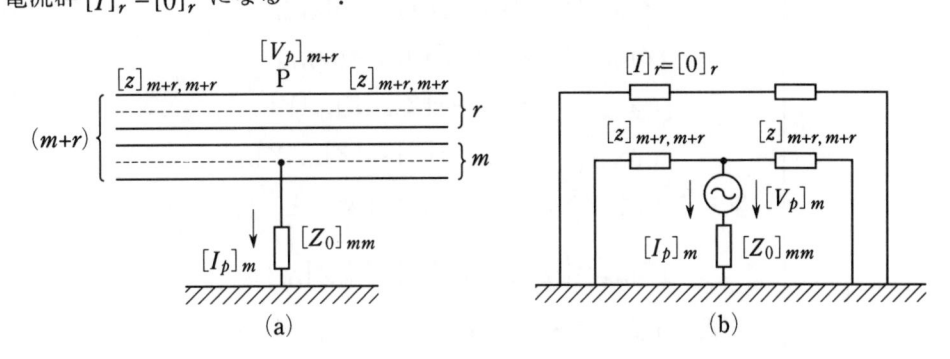

図 3·7 テブナンの定理の応用例

この等価回路から明らかなように，

$$\begin{bmatrix}[0]_r \\ [I_p]_m\end{bmatrix} = \left(\frac{1}{2}\begin{bmatrix}[z]_{rr} & [z]_{rm} \\ [z]_{mr} & [z]_{mm}\end{bmatrix} + \begin{bmatrix}[0]_{rr} & [0]_{rm} \\ [0]_{mr} & [Z_0]_{mm}\end{bmatrix}\right)^{-1}\begin{bmatrix}[V_p]_r \\ [V_p]_m\end{bmatrix}$$

ただし，$[z]_{m+r,\,m+r} = \begin{bmatrix}[z]_{rr} & [z]_{rm} \\ [z]_{mr} & [z]_{mm}\end{bmatrix}$

$$[V_p]_{m+r} = \begin{bmatrix}[V_p]_r \\ [V_p]_m\end{bmatrix}$$

地絡電流 によって**地絡電流** $[I_p]_m$ が求められる．もっとも，この場合は，次の関係式

$$\begin{vmatrix}[V_p]_r \\ [V_p]_m\end{vmatrix} = \begin{vmatrix}\frac{1}{2}[z]_{rr} & \frac{1}{2}[z]_{rm} \\ \frac{1}{2}[z]_{mr} & \frac{1}{2}[z]_{mm}+[Z_0]_{mm}\end{vmatrix}\begin{vmatrix}[0]_r \\ [I_p]_m\end{vmatrix}$$

が成立するので，

$$[V_p]_m = \left(\frac{1}{2}[z]_{mm}+[Z_0]_{mm}\right)[I_p]_m$$

$$\therefore\ [I_p]_m = \left(\frac{1}{2}[z]_{mm}+[Z_0]_{mm}\right)^{-1}[V_p]_m$$

によって，地絡電流群 $[I_p]_m$ が算定される．

二重マトリクス 次に参考のため**二重マトリクス**における，逆マトリクスの求め方の一つを述べよう．

例えば，

$\begin{bmatrix}[Z]_{rr} & [Z]_{rm} \\ [Z]_{mr} & [Z]_{mm}\end{bmatrix}$ の逆マトリクスを $\begin{bmatrix}[Y]_{rr} & [Y]_{rm} \\ [Y]_{mr} & [Y]_{mm}\end{bmatrix}$ とおくと

$$\begin{bmatrix}[Z]_{rr} & [Z]_{rm} \\ [Z]_{mr} & [Z]_{mm}\end{bmatrix}\begin{bmatrix}[Y]_{rr} & [Y]_{rm} \\ [Y]_{mr} & [Y]_{mm}\end{bmatrix} = \begin{bmatrix}[U]_{rr} & [0]_{rm} \\ [0]_{mr} & [U]_{mm}\end{bmatrix}$$

とならねばならないので，次の関係式が成立する．

$$[Z]_{rr}[Y]_{rr}+[Z]_{rm}[Y]_{mr} = [U]_{rr} \tag{1}$$

$$[Z]_{rr}[Y]_{rm} + [Z]_{rm}[Y]_{mm} = [0]_{rm} \qquad (2)$$

$$[Z]_{mr}[Y]_{rr} + [Z]_{mm}[Y]_{mr} = [0]_{mr} \qquad (3)$$

$$[Z]_{mr}[Y]_{rm} + [Z]_{mm}[Y]_{mm} = [U]_{mm} \qquad (4)$$

(2)式より $\quad [Y]_{rm} = -[Z]_{rr}^{-1}[Z]_{rm}[Y]_{mm} \qquad (5)$

(3)式より $\quad [Y]_{mr} = -[Z]_{mm}^{-1}[Z]_{mr}[Y]_{rr} \qquad (6)$

(5)式を(4)式に代入して $[Y]_{mm}$ を求めると

$$[Y]_{mm} = \left([Z]_{mm} - [Z]_{mr}[Z]_{rr}^{-1}[Z]_{rm}\right)^{-1}$$

(6)式を(1)式に代入して $[Y]_{mm}$ を求めると

$$[Y]_{rr} = \left([Z]_{rr} - [Z]_{rm}[Z]_{mm}^{-1}[Z]_{mr}\right)^{-1}$$

これらを(5), (6)式に代入して

$$[Y]_{rm} = -[Z]_{rr}^{-1}[Z]_{rm}\left([Z]_{mm} - [Z]_{mr}[Z]_{rr}^{-1}[Z]_{rm}\right)^{-1}$$

$$[Y]_{mr} = -[Z]_{mm}^{-1}[Z]_{mr}\left([Z]_{rr} - [Z]_{rm}[Z]_{mm}^{-1}[Z]_{mr}\right)^{-1}$$

というように算定できる．

(2) 4端子網の解析

図3·8に示すように，電気回路網より四つの端子を引出し，その二つの端子1，2を電源に，他の二つの端子3，4を負荷に接続した場合，これを**4端子網**（したんしもう；Four-terminal Network）または**4端子回路**（Four-terminal Circuit）という．

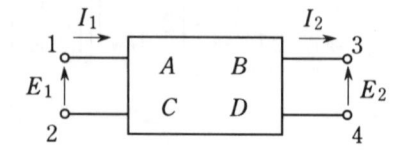

図3·8 4端子網

これに対し，外部に接続する端子が2個あるものを**2端子網**（Two-terminal Network）と称する．この電源側を**入力端子**（Input terminal），負荷側を**出力端子**（Output terminal）といい，回路網中に起電力のふくむ場合を**能動回路網**（Active Network），起電力のない場合を**受動回路網**（Passive Network）という．以下では主として，この後者について述べる．

今，4端子網の各側の電圧および電流をE_1，E_2およびI_1，I_2とすると，これらの間には

$$\begin{aligned} E_1 &= AE_2 + BI_2 & (1) \\ I_1 &= CE_2 + DI_2 & (2) \end{aligned} \qquad (3\cdot26)$$

なる関係が成立する．これを4端子網方程式といい，A，B，C，Dを**4端子定数**（Four-terminal Constant）と称する．このA，B，C，Dを決定するには，まず，3，4端子間を開放して，

$I_2 = 0$としたときの(1), (2)両式より

3·4 マトリクスによる電気回路網の解析

$$A = \left|\frac{E_1}{E_2}\right|_{I_2=0} \qquad C = \left|\frac{I_1}{E_2}\right|_{I_2=0} \tag{3·27}$$

次に3, 4端子間を短絡して
$E_2 = 0$ としたときの(1), (2)両式より

$$B = \left|\frac{E_1}{I_2}\right|_{E_2=0} \qquad D = \left|\frac{I_1}{I_2}\right|_{E_2=0} \tag{3·28}$$

として決定される.

ラティス回路　例えば，図3·9のような回路を**ラティス回路網** (Lattice Network) というが，この4端子定数を求めてみよう．まず，3, 4間を開放して$I_2=0$とすると，回路の電流分布は図のようになり

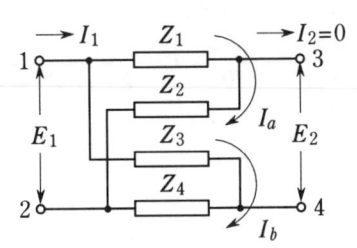

図3·9　ラティス回路網

$$I_1 = I_a + I_b = \frac{E_1}{Z_1+Z_2} + \frac{E_1}{Z_3+Z_4}$$
$$= \frac{Z_1+Z_2+Z_3+Z_4}{(Z_1+Z_2)(Z_3+Z_4)} E_1$$

このときのE_2は，各端子の電位をV_1, V_2, V_3, V_4とすると

$$E_2 = V_3 - V_4 = V_1 - Z_1 I_a - (V_2 + Z_4 I_b) = (V_1 - V_2) - (Z_1 I_a + Z_4 I_b)$$
$$= E_1 - \left(\frac{Z_1}{Z_1+Z_2} + \frac{Z_4}{Z_3+Z_4}\right) E_1 = \frac{Z_2 Z_3 - Z_1 Z_4}{(Z_1+Z_2)(Z_3+Z_4)} E_1$$

$$\therefore \quad A = \left|\frac{E_1}{E_2}\right|_{I_2=0} = \frac{(Z_1+Z_2)(Z_3+Z_4)}{Z_2 Z_3 - Z_1 Z_4}$$

$$C = \left|\frac{I_1}{E_2}\right|_{I_2=0} = \frac{Z_1+Z_2+Z_3+Z_4}{Z_2 Z_3 - Z_1 Z_4}$$

次に3, 4端子間を図3·10のように短絡して，入力端子間から見るとZ_1とZ_3の並列にZ_2とZ_4の並列が直列にあることになるので

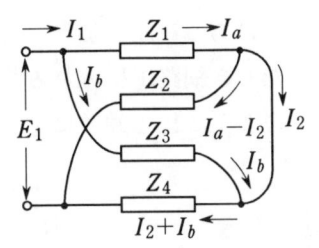

図3·10　B, Dの決定

$$I_1 = \frac{E_1}{\dfrac{Z_1 Z_3}{Z_1+Z_3} + \dfrac{Z_2 Z_4}{Z_2+Z_4}}$$

$$= \frac{(Z_1+Z_3)(Z_2+Z_4)}{Z_1 Z_3(Z_2+Z_4)+Z_2 Z_4(Z_1+Z_3)} E_1$$

となり，また，電流分布を図3·10のように仮定すると，

$$(Z_1+Z_2)\,I_a - Z_2 I_2 = E_1$$

$$(Z_3+Z_4)\,I_b + Z_4 I_2 = E_1$$

$$Z_1 I_a + Z_4 I_b + Z_4 I_2 = E_1$$

これをI_2について解くと

$$I_2 = \frac{E_1 \begin{vmatrix} 1 & Z_1+Z_2 & 0 \\ 1 & 0 & Z_3+Z_4 \\ 1 & Z_1 & Z_4 \end{vmatrix}}{\begin{vmatrix} -Z_2 & Z_1+Z_2 & 0 \\ Z_4 & 0 & Z_3+Z_4 \\ Z_4 & Z_1 & Z_4 \end{vmatrix}} = \frac{Z_2 Z_3 - Z_1 Z_4}{Z_1 Z_3(Z_2+Z_4)+Z_2 Z_4(Z_1+Z_3)} E_1$$

故に

$$B = \left|\frac{E_1}{I_2}\right|_{E_2=0} = \frac{Z_1 Z_3(Z_2+Z_4)+Z_2 Z_4(Z_1+Z_3)}{Z_2 Z_3 - Z_1 Z_4}$$

$$D = \left|\frac{I_1}{I_2}\right|_{E_2=0} = \frac{(Z_1+Z_3)(Z_2+Z_4)}{Z_2 Z_3 - Z_1 Z_4}$$

さて，前掲した(1)(2)式の関係をマトリクスによって表現すると

$$\begin{bmatrix} E_1 \\ I_1 \end{bmatrix} = \begin{bmatrix} AE_2+BI_2 \\ CE_2+DI_2 \end{bmatrix} = \begin{bmatrix} A & B \\ C & D \end{bmatrix}\begin{bmatrix} E_2 \\ I_2 \end{bmatrix} \qquad (3) \quad (3\cdot 29)$$

となる．この4端子網で上記の関係の成立するのは，電圧E_1, E_2および電流I_1, I_2

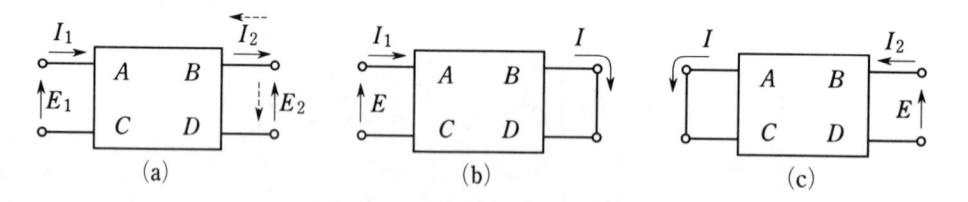

図3·11 4端子回路網の方向性と$AD-BC=1$

相反の定理

が図3·11の(a)のような方向の場合であると仮定する．従ってE_2が点線の方向の場合は$-E_2$とし，I_2が点線の方向のときは$-I_2$とおく．ところで既述した**相反の定理**（図3·3）において，$E_1=E_2=E$とすると$I_1=I_2=I$になる．ということは，起電力をふくまない回路網の網路①にある電圧を加えたとき，網路②に流れる電流は，網路②に同一値の電圧を加えたとき網路①に流れる電流に等しいことをあらわしている．そこで，図3·11の(b)のように1, 2端子に電圧Eを加えたとき，3, 4端子に流れる電流をIとすると

$$\begin{bmatrix} E \\ I_1 \end{bmatrix} = \begin{bmatrix} A & B \\ C & D \end{bmatrix}\begin{bmatrix} 0 \\ I \end{bmatrix}$$

3・4 マトリクスによる電気回路網の解析

$$E = BI, \quad I = \frac{1}{B}E$$

となり，次に (c) のように，3，4端子に同一値の電圧Eを加えると，1，2端子間には相反の定理によって前と同一値の電流Iが流れる．しかし，この場合の電流I_2，Iの方向は (a) と反対方向で負値になるので

$$\begin{bmatrix} E_1 \\ I_1 \end{bmatrix} = \begin{bmatrix} A & B \\ C & D \end{bmatrix} \begin{bmatrix} E_2 \\ I_2 \end{bmatrix}$$

$$0 = AE - BI_2, \quad I_2 = \frac{A}{B}E$$

$$-I = CE - DI_2, \quad I = DI_2 - CE = \frac{AD}{B}E - CE$$

これと前のIを相等しいとおくと，

$$\frac{1}{B}E = \frac{AD - BC}{B}E \quad \therefore AD - BC = 1 \tag{3・30}$$

この$AD - BC = 1$となることは，4端子網の重要な性質の一つであるから記憶しておかれたい．

注： 4端子網の方程式における電圧および電流の方向関係を明確にし，$AD - BC = 1$を相反の定理によって証明した書がないので，特に注目されたい．

また，前掲の4端子網方程式

$$\begin{bmatrix} E_1 \\ I_1 \end{bmatrix} = \begin{bmatrix} A & B \\ C & D \end{bmatrix} \begin{bmatrix} E_2 \\ I_2 \end{bmatrix}$$

において，E_2，I_2を未知数として方程式を解いても，または

$$\begin{bmatrix} E_2 \\ I_2 \end{bmatrix} = \begin{bmatrix} A & B \\ C & D \end{bmatrix}^{-1} \begin{bmatrix} E_1 \\ I_1 \end{bmatrix} = \frac{1}{AD - BC} \begin{bmatrix} D & -B \\ -C & A \end{bmatrix} \begin{bmatrix} E_1 \\ I_1 \end{bmatrix}$$

$$= \begin{bmatrix} D & -B \\ -C & A \end{bmatrix} \begin{bmatrix} E_1 \\ I_1 \end{bmatrix} = \begin{bmatrix} DE_1 - BI_1 \\ -CE_1 + AI_1 \end{bmatrix} \tag{3・31}$$

というようにしても$E_2 I_2$が求められる．

4端子網の原形 さて，**4端子網の原形**となるのは図3・12の (a) (b) であって，(a) 図では

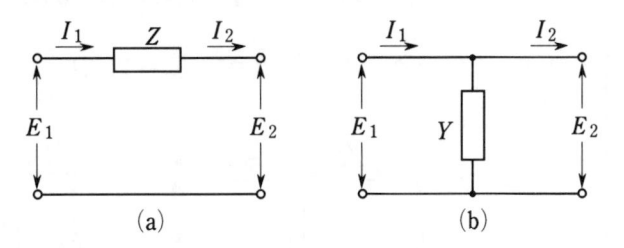

図3・12 4端子回路網の原形

$$E_1 = E_2 + ZI_2$$
$$I_1 = 0 + I_2$$

となるので，

Z回路
$$\begin{bmatrix} E_1 \\ I_1 \end{bmatrix} = \begin{bmatrix} 1 & Z \\ 0 & 1 \end{bmatrix} \begin{bmatrix} E_2 \\ I_2 \end{bmatrix} = \begin{bmatrix} E_2 + ZI_2 \\ 0 + I_2 \end{bmatrix} \tag{3・32}$$

また，(b)図では

$$E_1 = E_2 + 0, \quad I_1 = YE_2 + I_2 \quad \text{となるので}$$

Y回路

$$\begin{bmatrix} E_1 \\ I_1 \end{bmatrix} = \begin{bmatrix} 1 & 0 \\ Y & 1 \end{bmatrix} \begin{bmatrix} E_2 \\ I_2 \end{bmatrix} = \begin{bmatrix} E_2 + 0 \\ YE_2 + I_2 \end{bmatrix} \tag{3・33}$$

この原形となるインピーダンス・マトリクスおよびアドミタンス・マトリクスのおき方をここで暗記されたい．1, Z, 1, または1, Y, 1, とかぎ形でZは右回りYは左回りでおぼえよい．

さてこれを基本とすると，例えば図3・13(a)，(b)の関係式は直ちに次のように書くことができる．まず(a)図では，Yの左側をE_1', I_1'とすると，これとE_2, I_2の間

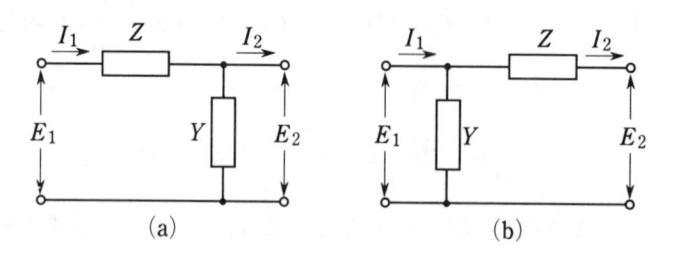

図 3・13 L形回路

には図3・12(b)の関係が成立し，このE_1', I_1'とE_1, I_1の間には図3・12(a)の関係が成立するので，結局

$$\begin{bmatrix} E_1 \\ I_1 \end{bmatrix} = \begin{bmatrix} 1 & Z \\ 0 & 1 \end{bmatrix} \begin{bmatrix} 1 & 0 \\ Y & 1 \end{bmatrix} \begin{bmatrix} E_2 \\ I_2 \end{bmatrix}$$

$$= \begin{bmatrix} 1+ZY & Z \\ Y & 1 \end{bmatrix} \begin{bmatrix} E_2 \\ I_2 \end{bmatrix} = \begin{bmatrix} (1+ZY)E_2 + ZI_2 \\ YE_2 + I_2 \end{bmatrix} \tag{3・34}$$

ZY回路

となるので，この場合の4端子定数は$A=1+ZY$, $B=Z$, $C=Y$, $D=1$になる．これと同様に(b)図を考えると，

$$\begin{bmatrix} E_1 \\ I_1 \end{bmatrix} = \begin{bmatrix} 1 & 0 \\ Y & 1 \end{bmatrix} \begin{bmatrix} 1 & Z \\ 0 & 1 \end{bmatrix} \begin{bmatrix} E_2 \\ I_2 \end{bmatrix}$$

$$= \begin{bmatrix} 1 & Z \\ Y & 1+ZY \end{bmatrix} \begin{bmatrix} E_2 \\ I_2 \end{bmatrix} = \begin{bmatrix} E_2 + ZI_2 \\ YE_2 + (1+ZY)I_2 \end{bmatrix} \tag{3・35}$$

YZ回路

となり，この場合は$A=1$, $B=Z$, $C=Y$, $D=1+ZY$になる．また図3・14の (a)

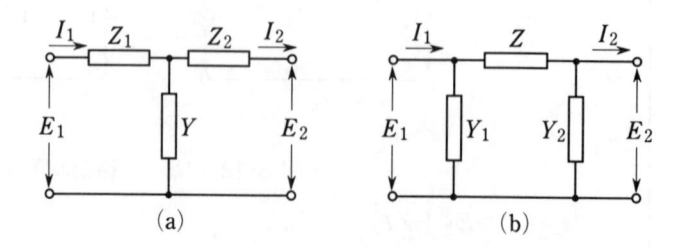

図 3・14 T形回路とπ形回路

は，図3・12の基本回路が出力端子側から見て，(a)(b)(a)と組合されたことになるので，4端子定数は直ちに次のように求められる．

3·4 マトリクスによる電気回路網の解析

$$\begin{bmatrix} E_1 \\ I_1 \end{bmatrix} = \begin{bmatrix} 1 & Z_1 \\ 0 & 1 \end{bmatrix} \begin{bmatrix} 1 & 0 \\ Y & 1 \end{bmatrix} \begin{bmatrix} 1 & Z_2 \\ 0 & 1 \end{bmatrix} \begin{bmatrix} E_2 \\ I_2 \end{bmatrix}$$

$$= \begin{bmatrix} 1+Z_1Y & Z_1 \\ Y & 1 \end{bmatrix} \begin{bmatrix} 1 & Z_2 \\ 0 & 1 \end{bmatrix} \begin{bmatrix} E_2 \\ I_2 \end{bmatrix}$$

$$= \begin{bmatrix} 1+Z_1Y & (1+Z_1Y)Z_2+Z_1 \\ Y & 1+Z_2Y \end{bmatrix} \begin{bmatrix} E_2 \\ I_2 \end{bmatrix}$$

$$= \begin{bmatrix} (1+Z_1Y)E_2 + \{(1+Z_1Y)Z_2+Z_1\}I_2 \\ YE_2 + (1+Z_2Y)I_2 \end{bmatrix} \tag{3·36}$$

T回路 従って，この場合は $A=1+Z_1Y$, $B=(1+Z_1Y)Z_2+Z_1$, $C=Y$, $D=1+Z_2Y$ で，このような形の回路を**T回路**（T–circuit）ともいう．これに対して(b)図のような回路を**π回路**（π–circuit）ともいい，この場合の4端子定数は出力側から見て，図3·12の基本回路が(b)(a)(b)と組合されたことになるので，

π回路

$$\begin{bmatrix} E_1 \\ I_1 \end{bmatrix} = \begin{bmatrix} 1 & 0 \\ Y_1 & 1 \end{bmatrix} \begin{bmatrix} 1 & Z \\ 0 & 1 \end{bmatrix} \begin{bmatrix} 1 & 0 \\ Y_2 & 1 \end{bmatrix} \begin{bmatrix} E_2 \\ I_2 \end{bmatrix}$$

$$= \begin{bmatrix} 1+ZY_2 & Z \\ Y_1+(1+ZY_1)Y_2 & 1+ZY_1 \end{bmatrix} \begin{bmatrix} E_2 \\ I_2 \end{bmatrix}$$

$$= \begin{bmatrix} (1+ZY_2)E_2 + ZI_2 \\ \{Y_1+(1+ZY_1)Y_2\}E_2 + (1+ZY_1)I_2 \end{bmatrix} \tag{3·37}$$

この場合は $A=1+ZY_2$, $B=Z$, $C=Y_1+(1+ZY_1)Y_2$, $D=1+ZY_1$ になる．以上，何れの場合でも $AD-BC=1$ になっている．

次に，4端子網相互を接続した場合について考察しよう．まず，図3·15のように二つの4端子網を接続した場合を**縦続接続**（Cascade Connection）といい，E_1', I_1' に対して E_1, I_1 は

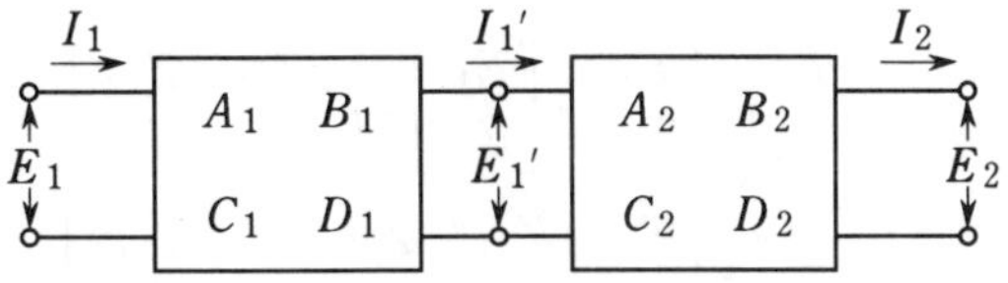

縦続接続

図 3·15 縦続接続

$$\begin{bmatrix} E_1 \\ I_1 \end{bmatrix} = \begin{bmatrix} A_1 & B_1 \\ C_1 & D_1 \end{bmatrix} \begin{bmatrix} E_1' \\ I_1' \end{bmatrix}$$

となり，また，E_2, I_2 に対して E_1', I_1' は

$$\begin{bmatrix} E_1' \\ I_1' \end{bmatrix} = \begin{bmatrix} A_2 & B_2 \\ C_2 & D_2 \end{bmatrix} \begin{bmatrix} E_2 \\ I_2 \end{bmatrix}$$

となる．この後式を前式に代入すると

$$\begin{bmatrix} E_1 \\ I_1 \end{bmatrix} = \begin{bmatrix} A_1 & B_1 \\ C_1 & D_1 \end{bmatrix} \begin{bmatrix} A_2 & B_2 \\ C_2 & D_2 \end{bmatrix} \begin{bmatrix} E_2 \\ I_2 \end{bmatrix}$$

$$= \begin{bmatrix} A_1A_2+B_1C_2 & A_1B_2+B_1D_2 \\ C_1A_2+D_1C_2 & C_1B_2+D_1D_2 \end{bmatrix} \begin{bmatrix} E_2 \\ I_2 \end{bmatrix} \tag{3·38}$$

というようになる．

さて前にも説明したが，4端子網において

$$\begin{bmatrix} E_1 \\ I_1 \end{bmatrix} = \begin{bmatrix} A & B \\ C & D \end{bmatrix} \begin{bmatrix} E_2 \\ I_2 \end{bmatrix} = \begin{bmatrix} AE_2 + BI_2 \\ CE_2 + DI_2 \end{bmatrix}$$

となったが，この後式より

$$E_2 = \frac{1}{C} I_1 - \frac{D}{C} I_2$$

これを前式に代入して　$E_1 = \frac{A}{C} I_1 - \frac{AD-BC}{C} I_2$　となるので（ただし，$AD-BC=1$）

$$\begin{bmatrix} E_1 \\ E_2 \end{bmatrix} = \frac{1}{C} \begin{bmatrix} A & -1 \\ 1 & -D \end{bmatrix} \begin{bmatrix} I_1 \\ I_2 \end{bmatrix} = \begin{bmatrix} Z_{11} & Z_{12} \\ Z_{21} & Z_{22} \end{bmatrix} \begin{bmatrix} I_1 \\ I_2 \end{bmatrix} \tag{3・39}$$

同様に，$\begin{bmatrix} I_1 \\ I_2 \end{bmatrix} = \frac{1}{B} \begin{bmatrix} D & -1 \\ 1 & -A \end{bmatrix} \begin{bmatrix} E_1 \\ E_2 \end{bmatrix} = \begin{bmatrix} Y_{11} & Y_{12} \\ Y_{21} & Y_{22} \end{bmatrix} \begin{bmatrix} E_1 \\ E_2 \end{bmatrix}$ （3・40）

直列接続　とおくことができる．従って，図3・16のように，二つの4端子網を直列に接続すると，電流は同一値であるが，電圧は各端子の電圧の和となるので

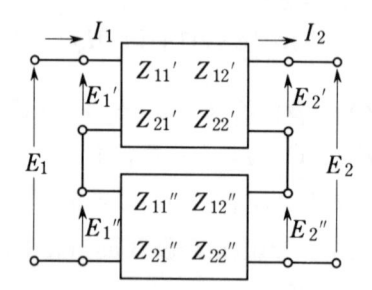

図3・16　直列接続

$$\begin{bmatrix} E_1 \\ E_2 \end{bmatrix} = \begin{bmatrix} E_1' \\ E_2' \end{bmatrix} + \begin{bmatrix} E_1'' \\ E_2'' \end{bmatrix} = \left(\begin{bmatrix} Z_{11}' & Z_{12}' \\ Z_{21}' & Z_{22}' \end{bmatrix} + \begin{bmatrix} Z_{11}'' & Z_{12}'' \\ Z_{21}'' & Z_{22}'' \end{bmatrix} \right) \begin{bmatrix} I_1 \\ I_2 \end{bmatrix}$$

$$= \begin{bmatrix} Z_{11}'+Z_{11}'' & Z_{12}'+Z_{12}'' \\ Z_{21}'+Z_{21}'' & Z_{22}'+Z_{22}'' \end{bmatrix} \begin{bmatrix} I_1 \\ I_2 \end{bmatrix} \tag{3・41}$$

というようになる．また同様にして

$$\begin{bmatrix} I_1 \\ I_2 \end{bmatrix} = \begin{bmatrix} Y_{11} & Y_{12} \\ Y_{21} & Y_{22} \end{bmatrix} \begin{bmatrix} E_1 \\ E_2 \end{bmatrix} \tag{3・42}$$

並列接続　とおくこともできるので，図3・17のように，二つの4端子網を並列に接続すると，電圧は同一値であるが，電流は各回路網の和となるので

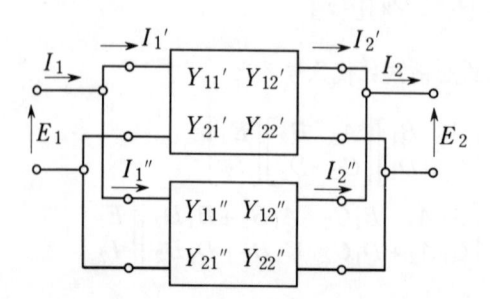

図3・17　並列接続

$$\begin{bmatrix} I_1 \\ I_2 \end{bmatrix} = \begin{bmatrix} I_1' \\ I_2' \end{bmatrix} + \begin{bmatrix} I_1'' \\ I_2'' \end{bmatrix} = \left(\begin{bmatrix} Y_{11}' & Y_{12}' \\ Y_{21}' & Y_{22}' \end{bmatrix} + \begin{bmatrix} Y_{11}'' & Y_{12}'' \\ Y_{21}'' & Y_{22}'' \end{bmatrix} \right) \begin{bmatrix} E_1 \\ E_2 \end{bmatrix}$$

$$= \begin{bmatrix} Y_{11}'+Y_{11}'' & Y_{12}'+Y_{12}'' \\ Y_{21}'+Y_{21}'' & Y_{22}'+Y_{22}'' \end{bmatrix} \begin{bmatrix} E_1 \\ E_2 \end{bmatrix} \tag{3·43}$$

というようになる.

ここで, $[Y]=[Z]^{-1}$ であると

$$[Z] = \begin{bmatrix} Z_{11} & Z_{12} \\ Z_{21} & Z_{22} \end{bmatrix} \quad \text{に対し} \quad [Y] = \frac{1}{Z_{11}Z_{22}-Z_{12}Z_{21}} \begin{bmatrix} Z_{22} & -Z_{12} \\ -Z_{21} & Z_{11} \end{bmatrix}$$

になる.

(3) 多端子網の解析

多端子回路網　一般的な多端子網もマトリクスで取扱うと4端子網の場合を拡張したものとして考えることができる. 例えば, 図3·18のようなn個の入力端子とn個の出力端子を有

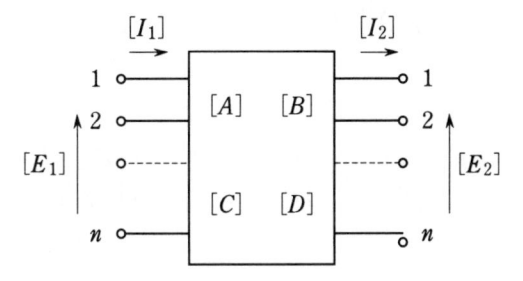

図 3·18　一般多端子回路網

$2n$端子網　する$2n$端子網に対して4端子網での電圧, 電流, 定数をマトリクスとして考えると, この多端子網では, 次のような二重マトリクスの関係式の成立することがわかる.

$$\begin{bmatrix} [E_1] \\ [I_1] \end{bmatrix} = \begin{bmatrix} [A] & [B] \\ [C] & [D] \end{bmatrix} \begin{bmatrix} [E_2] \\ [I_2] \end{bmatrix} = \begin{bmatrix} [A][E_2]+[B][I_2] \\ [C][E_2]+[D][I_2] \end{bmatrix} \tag{3·44}$$

さて, この式で4端子網で成立した相反の定理を用いると

$$\begin{bmatrix} [E_1] \\ [I_1] \end{bmatrix} = \begin{bmatrix} [A] & [B] \\ [C] & [D] \end{bmatrix} \begin{bmatrix} [0] \\ [I] \end{bmatrix} = \begin{bmatrix} [B] & [I] \\ [D] & [I] \end{bmatrix}$$

となるので, $[I]=[B]^{-1}[E]$ となり, 次いで,

$$\begin{bmatrix} [0] \\ -[I] \end{bmatrix} = \begin{bmatrix} [A] & [B] \\ [C] & [D] \end{bmatrix} \begin{bmatrix} [E] \\ -[I_2] \end{bmatrix} = \begin{bmatrix} [A][E]-[B][I_2] \\ [C][E]-[D][I_2] \end{bmatrix}$$

となり, この前式より, $[I_2]=[B]^{-1}[A][E]$ と求められ, これを後式に用いると,

$$[I]=[B]^{-1}[E]=[D][I_2]-[C][E]$$
$$=([D][B]^{-1}[A]-[C])[E]$$

従って, $[B]^{-1}=[D][B]^{-1}[A]-[C]$

$$\therefore \quad [B][D][B]^{-1}[A]-[B][C]=[U] \tag{3·45}$$

が成立する. これが4端子網での$AD-BC=1$に対応する式である.

また, 前式において, $[E_1]$, $[E_2]$を$[I_1]$, $[I_2]$についてあらわすと,

$$\begin{bmatrix}[E_1]\\[E_2]\end{bmatrix}=\begin{bmatrix}[A][C]^{-1} & -([A][C]^{-1}[D]-[B])\\ [C]^{-1} & -[C]^{-1}[D]\end{bmatrix}\begin{bmatrix}[I_1]\\[I_2]\end{bmatrix}$$

$$=\begin{bmatrix}[Z_{11}] & [Z_{12}]\\[Z_{21}] & [Z_{22}]\end{bmatrix}\begin{bmatrix}[I_1]\\[I_2]\end{bmatrix} \tag{3·46}$$

対称回路　これが対称回路であると $[Z_{12}]=[Z_{21}]$ となり

$$[C][B]-[C][A][C]^{-1}[D]=[U] \tag{3·47}$$

が成立する．

同様に，$[I_1]$，$[I_2]$ を $[E_1]$，$[E_2]$ であらわすと，

$$\begin{bmatrix}[I_1]\\[I_2]\end{bmatrix}=\begin{bmatrix}[D][B]^{-1} & -([D][B]^{-1}[A]-[C])\\ [B]^{-1} & -[B]^{-1}[A]\end{bmatrix}\begin{bmatrix}[E_1]\\[E_2]\end{bmatrix}$$

$$=[B]^{-1}\begin{bmatrix}[B][D][B]^{-1} & -[U]\\ [U] & -[A]\end{bmatrix}\begin{bmatrix}[E_1]\\[E_2]\end{bmatrix}$$

$$=\begin{bmatrix}[Y_{11}] & [Y_{12}]\\[Y_{21}] & [Y_{22}]\end{bmatrix}\begin{bmatrix}[E_1]\\[E_2]\end{bmatrix} \tag{3·48}$$

あるいはまた，

$$\begin{bmatrix}[E_1]\\[E_2]\end{bmatrix}=\begin{bmatrix}[Z_{11}] & [Z_{12}]\\[Z_{21}] & [Z_{22}]\end{bmatrix}\begin{bmatrix}[I_1]\\[I_2]\end{bmatrix}=\begin{bmatrix}[Z_{11}][I_1]+[Z_{12}][I_2]\\[Z_{21}][I_1]+[Z_{22}][I_2]\end{bmatrix} \tag{3·49}$$

と与えられたとき

$$\begin{bmatrix}[E_1]\\[I_1]\end{bmatrix}=\begin{bmatrix}[Z_{11}][Z_{21}]^{-1} & [Z_{12}]-[Z_{11}][Z_{21}]^{-1}[Z_{22}]\\ [Z_{21}]^{-1} & -[Z_{21}]^{-1}[Z_{22}]\end{bmatrix}\begin{bmatrix}[E_2]\\[I_2]\end{bmatrix}$$

$$=\begin{bmatrix}[A] & [B]\\[C] & [D]\end{bmatrix}\begin{bmatrix}[E_2]\\[I_2]\end{bmatrix} \tag{3·50}$$

となる．ただし，$[A]=[Z_{11}][Z_{21}]^{-1}$，$[B]=[Z_{12}]-[Z_{11}][Z_{21}]^{-1}[Z_{22}]$，$[C]=[Z_{21}]^{-1}$，$[D]=-[Z_{21}]^{-1}[Z_{22}]$ に相当する．

3·5 マトリクスの応用例題

【例題 1】 インピーダンス Z_1, Z_2, Z_3 からなる回路に起電力 E_1, E_2 を図3·19 のように加えたときの回路の電流分布を求めよ.

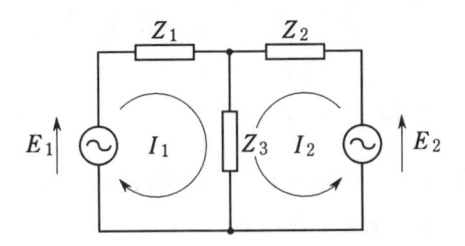

図 3·19 基本例題

【解答】 マトリクスを用いて電気回路を解くごく基本的な問題として，まず，本題から始めることにしよう．回路の網目電流を図の方向に I_1, I_2 としたとき，これに対応して

$$\begin{bmatrix} E_1 \\ E_2 \end{bmatrix} = \begin{bmatrix} Z_{11} & Z_{12} \\ Z_{21} & Z_{22} \end{bmatrix} \begin{bmatrix} I_1 \\ I_2 \end{bmatrix}$$

となるインピーダンス・マトリクスにおいて，Z_{11} は I_1 の網路のインピーダンスの総和で図から $Z_{11} = Z_1 + Z_3$ になり，同様に Z_{22} は I_2 の網路のインピーダンスの総和で $Z_{22} = Z_2 + Z_3$ となり，Z_{12} と Z_{21} は相等しく，I_1 の網路と I_2 の網路に共通したもので Z_3 となり，この場合の I_1 と I_2 は Z_3 において同方向であるから正号となって，$Z_{12} = Z_{21} = Z_3$ とおくことができる．すなわち，この場合の

インピーダンス
マトリクス

インピーダンス・マトリクス $[Z] = \begin{bmatrix} Z_1 + Z_3 & Z_3 \\ Z_3 & Z_2 + Z_3 \end{bmatrix}$

アドミタンス
マトリクス

となるので，これに対応する**アドミタンス・マトリクス** $[Y]$ は

$$[Y] = [Z]^{-1} = \frac{1}{|Z|} \begin{bmatrix} Z_2 + Z_3 & -Z_3 \\ -Z_3 & Z_1 + Z_3 \end{bmatrix}$$

ただし, $|Z| = (Z_1 + Z_3)(Z_2 + Z_3) - Z_3^2 = Z_1 Z_2 + Z_2 Z_3 + Z_3 Z_1$
故に, 電流 I_1, I_2 は $[I] = [Y][E]$ より

$$\begin{bmatrix} I_1 \\ I_2 \end{bmatrix} = \frac{1}{|Z|} \begin{bmatrix} Z_2 + Z_3 & -Z_3 \\ -Z_3 & Z_1 + Z_3 \end{bmatrix} \begin{bmatrix} E_1 \\ E_2 \end{bmatrix}$$

$$= \frac{1}{|Z|} \begin{bmatrix} (Z_2 + Z_3)E_1 - Z_3 E_2 \\ (Z_1 + Z_3)E_2 - Z_3 E_1 \end{bmatrix}$$

というように求められる．さて，ここで，I_2 の方向が上記と反対に図3·20のように仮定された場合は，Z_3 における I_1 と I_2 の方向が反対となるので，Z_3 は負号になり

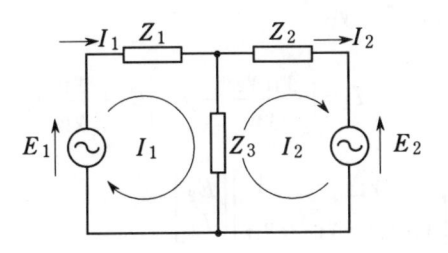

図 3·20 I_2 が反対方向のとき

3 マトリクスと多端子回路網

$$[Z] = \begin{bmatrix} Z_1 + Z_3 & -Z_3 \\ -Z_3 & Z_2 + Z_3 \end{bmatrix}$$

となる一方，前の場合ではE_2とI_2は同一方向であったが，この場合はE_2とI_2が反対方向になってE_2が負値となるので

$$[I] = [Y][E] = \frac{1}{|Z|} \begin{bmatrix} Z_2 + Z_3 & Z_3 \\ Z_3 & Z_1 + Z_3 \end{bmatrix} \begin{bmatrix} E_1 \\ -E_2 \end{bmatrix}$$

$$= \frac{1}{|Z|} \begin{bmatrix} (Z_2 + Z_3)E_1 - Z_3 E_2 \\ -(Z_1 + Z_3)E_2 + Z_3 E_1 \end{bmatrix}$$

というようになる．Z_3の電流I_3は前の場合は $I_3 = I_1 + I_2$ になり，後の場合は $I_3 = I_1 - I_2$ になり，同値であって

$$I_3 = \frac{Z_2 E_1 + Z_1 E_2}{|Z|} = \frac{Z_2 E_1 + Z_1 E_2}{Z_1 Z_2 + Z_2 Z_3 + Z_3 Z_1}$$

となる．電流の方向をどのように仮定しても，求められる電流の絶対値には変りはない．また，これを**重ねの法則**を用いて解くと

$$\begin{bmatrix} I_1 \\ I_2 \end{bmatrix} = \frac{1}{|Z|} \left\{ \begin{bmatrix} Z_2 + Z_3 & Z_3 \\ Z_3 & Z_1 + Z_3 \end{bmatrix} \begin{bmatrix} E_1 \\ 0 \end{bmatrix} + \begin{bmatrix} Z_2 + Z_3 & Z_3 \\ Z_3 & Z_1 + Z_3 \end{bmatrix} \begin{bmatrix} 0 \\ -E_2 \end{bmatrix} \right\}$$

重ねの法則

となって，前と同一の結果が得られる．

なお図3・19を4端子網として，その定数を求めると

$$\begin{bmatrix} E_1 \\ I_1 \end{bmatrix} = \frac{1}{Z_3} \begin{bmatrix} Z_1 + Z_3 & |Z| \\ 1 & Z_2 + Z_3 \end{bmatrix} \begin{bmatrix} E_2 \\ I_2 \end{bmatrix}$$

となるので，この場合の

$$A = \frac{Z_1 + Z_3}{Z_3}, \quad B = \frac{|Z|}{Z_3}, \quad C = \frac{1}{Z_3}, \quad D = \frac{Z_2 + Z_3}{Z_3}$$

となって

$$AD - BC = \frac{(Z_1 + Z_3)(Z_2 + Z_3)}{Z_3^2} - \frac{(Z_1 Z_2 + Z_2 Z_3 + Z_3 Z_1)}{Z_3^2} = \frac{Z_3^2}{Z_3^2} = 1$$

となる．

さて，ここで重ねて注意しておきたいことは，前述したように，例えば

$$\begin{bmatrix} I_1 \\ I_2 \end{bmatrix} = \begin{bmatrix} y_{11} & y_{12} \\ y_{21} & y_{22} \end{bmatrix} \begin{bmatrix} E_1 \\ -E_2 \end{bmatrix} = \begin{bmatrix} y_{11} E_1 - y_{12} E_2 \\ y_{21} E_1 - y_{22} E_2 \end{bmatrix}$$

においてy_{12}が正値（Z_{12}が負値）をとる場合は，E_2とI_2の方向が反対でE_2としては上記のように負値をとらねばならない．このとき

後式より，$E_1 = \dfrac{y_{22}}{y_{12}} E_2 + \dfrac{1}{y_{12}} I_2$

これを前式に入れると $I_1 = \left(\dfrac{y_{11} y_{22}}{y_{12}} - y_{12} \right) E_2 + \dfrac{y_{11}}{y_{12}} I_2$ となるので，

$$\begin{bmatrix} E_1 \\ I_1 \end{bmatrix} = \frac{1}{y_{12}} \begin{bmatrix} y_{22} & 1 \\ y_{11} y_{22} - y_{12}^2 & y_{11} \end{bmatrix} \begin{bmatrix} E_2 \\ I_2 \end{bmatrix}$$

となり，この場合の

$$A = \frac{y_{22}}{y_{12}}, \quad B = \frac{1}{y_{12}}, \quad C = \frac{y_{11}y_{22} - y_{12}^2}{y_{12}}, \quad D = \frac{y_{11}}{y_{12}}$$

となり

$$AD - BC = \frac{1}{y_{12}^2}(y_{11}y_{22} - y_{11}y_{22} + y_{12}^2) = \frac{y_{12}^2}{y_{12}^2} = 1$$

というようになる．

相互インダク
タンス

【例題 2】 図3・21のように相互インダクタンス M（ヘンリー）で結合された二つの回路の抵抗を R_1, R_2，インダクタンスを L_1, L_2（ヘンリー）とし，その一方に f（ヘルツ）の交流電圧 E を加えたときの各側の電流を求めよ．ただし $\omega = 2\pi f$ とする．

結合回路

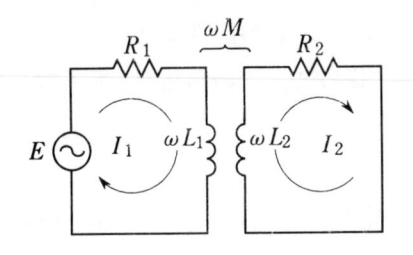

図3・21 結合回路

【解答】 各側の電流を図のように I_1, I_2 とすると，I_1 のみに関するインピーダンスの総和は $Z_{11} = R_1 + j\omega L_1$，$L_2$ のみに関するインピーダンスの総和は $Z_{22} = R_2 + j\omega L_2$ となり I_1 と I_2 に共通するインピーダンスは $Z_{12} = Z_{21} = -j\omega M$ で，この場合の ωM の符号は負号となり，その

インピーダンス
マトリクス

インピーダンス・マトリクス $[Z] = \begin{bmatrix} R_1 + j\omega L_1 & -j\omega M \\ -j\omega M & R_2 + j\omega L_2 \end{bmatrix}$

アドミタンス
マトリクス

となるので，これに対応するアドミタンス・マトリクス $[Y]$ は

$$[Y] = [Z]^{-1} = \frac{1}{|Z|}\begin{bmatrix} R_2 + j\omega L_2 & j\omega M \\ j\omega M & R_1 + j\omega L_1 \end{bmatrix}$$

ただし， $|Z| = \sqrt{\{R_1R_2 + \omega^2(M^2 - L_1L_2)\}^2 + \omega^2(L_1R_2 + L_2R_1)^2}$

となるので，$[I] = [Y][E]$ は

$$\begin{bmatrix} I_1 \\ I_2 \end{bmatrix} = \frac{1}{|Z|}\begin{bmatrix} R_2 + j\omega L_2 & j\omega M \\ j\omega M & R_1 + j\omega L_1 \end{bmatrix}\begin{bmatrix} E \\ 0 \end{bmatrix}$$

$$= \frac{1}{|Z|}\begin{bmatrix} (R_2 + j\omega L_2)E \\ j\omega ME \end{bmatrix}$$

というように求められる．さて，この場合のインピーダンス・マトリクスを図3・19の場合のインピーダンスマトリクスと比較すると

$$\begin{bmatrix} Z_1 + Z_3 & -Z_3 \\ -Z_3 & Z_2 + Z_3 \end{bmatrix}, \quad \begin{bmatrix} R_1 + j\omega L_1 & -j\omega M \\ -j\omega M & R_2 + j\omega L_2 \end{bmatrix}$$

になるので，明らかに

3 マトリクスと多端子回路網

$$Z_1+Z_3=R_1+j\omega L_1, \quad Z_2+Z_3=R_2+j\omega L_2, \quad Z_3=j\omega M$$

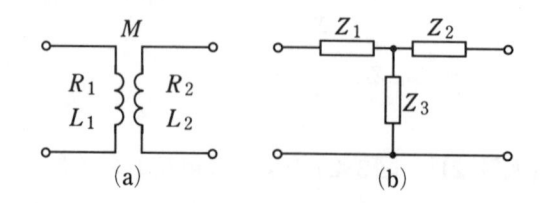

に対応するので，

$$Z_1=R_1+j\omega(L_1-M)$$
$$Z_2=R_2+j\omega(L_2-M)$$
$$Z_3=j\omega M$$

図 3·22　等価回路（(a)＝(b)）

とおくと，図 3·22 のように (a) の回路は (b) の回路で置換できる——(b) は (a) の等価回路といえる——．従って，この回路を 4 端子網と見たときの取扱いは図 3·19 の場合と全く同じになる．

【例題 3】　4 端子定数が A, B, C, D である 4 端子網の入力側と出力側にアドミタンス Y_1, Y_2 をそれぞれ図 3·23 のように接続した場合の合成 4 端子定数 A_0, B_0, C_0, D_0 を求め，かつ $A_0D_0-B_0C_0=1$ の成立することを証明せよ．

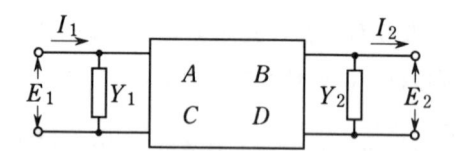

図 3·23　Y_1, Y_2 が両側に並列に接続されたとき

【解答】　図 3·12 の基本回路 (b) を入力側と出力側に接続したことになるので，

$$\begin{bmatrix}E_1\\I_1\end{bmatrix}=\begin{bmatrix}1&0\\Y_1&1\end{bmatrix}\begin{bmatrix}A&B\\C&D\end{bmatrix}\begin{bmatrix}1&0\\Y_2&1\end{bmatrix}\begin{bmatrix}E_2\\I_2\end{bmatrix}$$
$$=\begin{bmatrix}A+BY_2 & B\\C+AY_1+DY_2+BY_1Y_2 & D+BY_1\end{bmatrix}\begin{bmatrix}E_2\\I_2\end{bmatrix}$$

となり，**合成 4 端子定数**は

$$A_0=A+BY_2$$
$$B_0=B$$
$$C_0=C+AY_1+DY_2+BY_1Y_2$$
$$D_0=D+BY_1$$

となり，

$$A_0D_0-B_0C_0=(A+BY_2)(D+BY_1)-B(C+AY_1+DY_2+BY_1Y_2)$$
$$=AD-BC=1$$

となる．また，図 3·24 のように，入力側，出力側にインピーダンス Z_1, Z_2 を接続した場合は図 3·12 の基本的回路 (a) を入力側と出力側に接続したことになるので，

3·5 マトリクスの応用例題

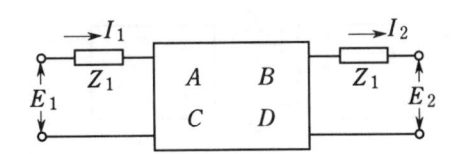

図3·24 Z_1, Z_2が両側に直列に接続されたとき

$$\begin{bmatrix} E_1 \\ I_1 \end{bmatrix} = \begin{bmatrix} 1 & Z_1 \\ 0 & 1 \end{bmatrix} \begin{bmatrix} A & B \\ C & D \end{bmatrix} \begin{bmatrix} 1 & Z_2 \\ 0 & 1 \end{bmatrix} \begin{bmatrix} E_2 \\ I_2 \end{bmatrix}$$

$$= \begin{bmatrix} A+CZ_1 & B+DZ_1+AZ_2+CZ_1Z_2 \\ C & D+CZ_2 \end{bmatrix} \begin{bmatrix} E_2 \\ I_2 \end{bmatrix}$$

合成4端子定数 となる。故にこの場合の**合成4端子定数**は

$A_0 = A + CZ_1$

$B_0 = B + DZ_1 + AZ_2 + CZ_1Z_2$

$C_0 = C$

$D_0 = D + CZ_2$

となり、明らかに $A_0 D_0 - B_0 C_0 = AD - BC = 1$ になる。

ただし、入力側のみにZ_1を接続したときの合成4端子定数は

$$\begin{bmatrix} E_1 \\ I_1 \end{bmatrix} = \begin{bmatrix} 1 & Z_1 \\ 0 & 1 \end{bmatrix} \begin{bmatrix} A & B \\ C & D \end{bmatrix} \begin{bmatrix} E_2 \\ I_2 \end{bmatrix}$$

$$= \begin{bmatrix} A+CZ_1 & B+DZ_1 \\ C & D \end{bmatrix} \begin{bmatrix} E_2 \\ I_2 \end{bmatrix}$$

になるので、$A_0 = A + CZ_1$, $B_0 = B + DZ_1$, $C_0 = C$, $D_0 = D$ になり、$A_0 D_0 - B_0 C_0 = AD - BC = 1$ になり、出力側のみにZ_2を接続したときの合成4端子定数は、

$$\begin{bmatrix} E_1 \\ I_1 \end{bmatrix} = \begin{bmatrix} A & B \\ C & D \end{bmatrix} \begin{bmatrix} 1 & Z_2 \\ 0 & 1 \end{bmatrix} \begin{bmatrix} E_2 \\ I_2 \end{bmatrix}$$

$$= \begin{bmatrix} A & B+AZ_2 \\ C & D+CZ_2 \end{bmatrix} \begin{bmatrix} E_2 \\ I_2 \end{bmatrix}$$

になるので、$A_0 = A$, $B_0 = B + AZ_2$, $C_0 = C$, $D_0 = D + CZ_2$ になり、同じく$A_0 D_0 - B_0 C_0 = AD - BC = 1$ が成立する。同じ要領で入力側のみに、アドミタンスY_1を接続した場合、出力側のみにアドミタンス Y_2を接続した場合の合成4端子定数を求めてみられよ。その何れの場合にしても $A_0 D_0 - B_0 C_0 = 1$ になれば答は正しい。

【例題 4】 4端子定数がA, B, C, Dである送電網の中央点に、(1) インピーダンスZを直列に挿入した場合、(2) アドミタンスYを並列に挿入した場合のそれぞれについて合成4端子定数を求めよ。ただし、$A = D$とする。

3 マトリクスと多端子回路網

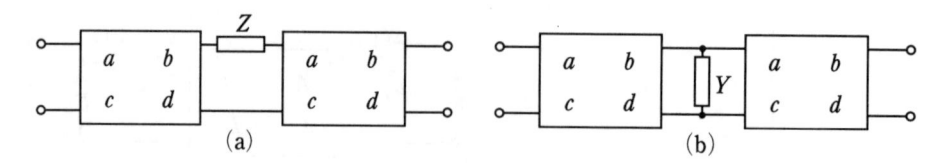

図3・25 ZとYを中間に接続したとき

【解答】 回路網の中央点であるから，左右の4端子定数は図3・25のように相等しくa, b, c, dであって

$$\begin{bmatrix} A & B \\ C & D \end{bmatrix} = \begin{bmatrix} a & b \\ c & d \end{bmatrix}\begin{bmatrix} a & b \\ c & d \end{bmatrix} = \begin{bmatrix} a^2+bc & ab+bd \\ ac+cd & bc+d^2 \end{bmatrix}$$

が成立するので

$$A = a^2+bc, \quad B = ab+bd, \quad C = ac+cd, \quad D = bc+d^2$$

となり$A=D$および $AD-BC=1$ となるので，$a=d$であり，$ad-bc = a^2-bc = 1$ の関係がある．

(1) Zを中央点に挿入したときの合成4端子定数は

$$\begin{bmatrix} A_0 & B_0 \\ C_0 & D_0 \end{bmatrix} = \begin{bmatrix} a & b \\ c & d \end{bmatrix}\begin{bmatrix} 1 & Z \\ 0 & 1 \end{bmatrix}\begin{bmatrix} a & b \\ c & d \end{bmatrix}$$

$$= \begin{bmatrix} a^2+bc+acZ & ab+bd+adZ \\ ac+cd+c^2Z & bc+d^2+cdZ \end{bmatrix}$$

前掲の関係より

$$A = a^2+bc = a^2+a^2-1 = 2a^2-1, \quad \therefore \quad a = \sqrt{\frac{A+1}{2}} = d$$

$$B = ab+bd = 2ab, \quad b = \frac{B}{2a} = \frac{B}{\sqrt{2}\sqrt{A+1}}$$

$$C = ac+cd = 2ac, \quad c = \frac{C}{2a} = \frac{C}{\sqrt{2}\sqrt{A+1}}$$

これらの関係を用いると合成4端子定数は

$$A_0 = a^2+bc+acZ = A + \frac{\sqrt{A+1}}{\sqrt{2}} \cdot \frac{C}{\sqrt{2}\sqrt{A+1}}Z = A + \frac{C}{2}Z$$

$$B_0 = ab+bd+adZ = B + a^2Z = B + \frac{A+1}{2}Z$$

$$C_0 = ac+cd+c^2Z = C + \frac{C^2}{2(A+1)}Z$$

$$D_0 = bc+d^2+cdZ = D + \frac{C}{2}Z$$

というように求められる．

(2) Yを中央点に挿入したときの合成4端子定数は，

$$\begin{bmatrix} A_0 & B_0 \\ C_0 & D_0 \end{bmatrix} = \begin{bmatrix} a & b \\ c & d \end{bmatrix}\begin{bmatrix} 1 & 0 \\ Y & 1 \end{bmatrix}\begin{bmatrix} a & b \\ c & d \end{bmatrix}$$

$$= \begin{bmatrix} a^2+bc+abY & ab+bd+b^2Y \\ ac+cd+adY & bc+d^2+bdY \end{bmatrix}$$

従って，この場合の合成4端子定数は

$$A_0 = a^2 + bc + abY = A + \frac{B}{2}Y$$

$$B_0 = ab + bd + b^2Y = B + \frac{B^2}{2(A+1)}Y$$

$$C_0 = ac + cd + adY = C + \frac{A+1}{2}Y$$

$$D_0 = bc + d^2 + bdY = D + \frac{B}{2}Y$$

となる．以上，何れにおいても題意による $A = D$ とおくと $A_0 D_0 - B_0 C_0 = 1$ になる．

【例題 5】 図3・26に示すように，4端子定数が A, B, C, D である4端子網の入力側，出力側のそれぞれに (1) インピーダンス Z_1, Z_2 を直列としたとき，(2) アドミタンス Y_1, Y_2 を並列とした両場合について，その内側の電圧 E_1', E_2' および電流 I_1', I_2' を求めよ．

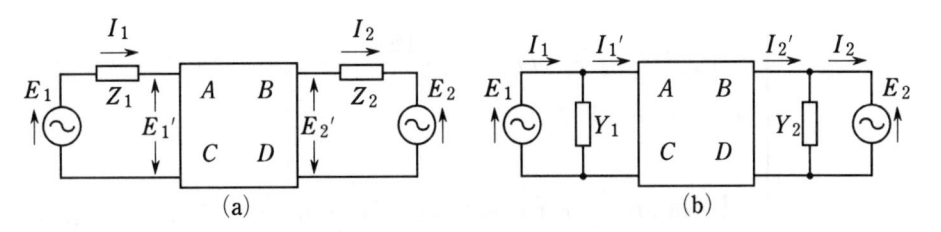

図3・26 内側の電圧・電流を求める

【解答】 (1) の場合は，その合成4端子定数が図3・24の場合と同一になり

$$\begin{bmatrix} E_1 \\ I_1 \end{bmatrix} = \begin{bmatrix} A + CZ_1 & \Delta \\ C & D + CZ_2 \end{bmatrix} \begin{bmatrix} E_2 \\ I_2 \end{bmatrix} = \begin{bmatrix} (A + CZ_1)E_2 + \Delta I_2 \\ CE_2 + (D + CZ_2)I_2 \end{bmatrix}$$

となる．ただし，$\Delta = B + DZ_1 + AZ_2 + CZ_1Z_2$

この前式より

$$I_2 = \frac{E_1 - (A + CZ_1)E_2}{\Delta}$$

これを後式に代入して，$AD - BC = 1$ の関係を用いると

$$I_1 = \frac{(D + CZ_2)E_1 - E_2}{\Delta}$$

となり，従って求める

$$E_1' = E_1 - Z_1 I_1 = \frac{(B + AZ_2)E_1 + Z_1 E_2}{\Delta}$$

$$E_2' = E_2 + Z_2 I_2 = \frac{(B + DZ_1)E_2 + Z_2 E_1}{\Delta}$$

ただし，上記したように $\Delta = B + DZ_1 + AZ_2 + CZ_1Z_2$

また，この場合 $\begin{bmatrix} E_1' \\ I_1 \end{bmatrix} = \begin{bmatrix} A & B \\ C & D \end{bmatrix} \begin{bmatrix} E_2' \\ I_2 \end{bmatrix}$ も成立する．

(2)の場合は，その合成4端子定数が**図3·23**の場合と同一で

$$\begin{bmatrix} E_1 \\ I_1 \end{bmatrix} = \begin{bmatrix} A+BY_2 & B \\ \Delta & D+BY_1 \end{bmatrix} \begin{bmatrix} E_2 \\ I_2 \end{bmatrix}$$

ただし，$\Delta = C + AY_1 + DY_2 + BY_1Y_2$
となって，前と同じ要領でI_1, I_2を求めると

$$I_1 = \frac{(D+BY_1)E_1 - E_2}{B}, \quad I_2 = \frac{E_1 - (A+BY_2)E_2}{B}$$

となるので．

$$I_1' = I_1 - E_1Y_1 = \frac{DE_1 - E_2}{B}, \quad I_2' = I_2 + E_2Y_2 = \frac{E_1 - AE_2}{B}$$

というように定められるが，この場合は

$$\begin{bmatrix} E_1 \\ I_1' \end{bmatrix} = \begin{bmatrix} A & B \\ C & D \end{bmatrix} \begin{bmatrix} E_2 \\ I_2' \end{bmatrix} = \begin{bmatrix} AE_2 + BI_2' \\ CE_2 + DI_2' \end{bmatrix}$$

の前式からI_2'を $I_2' = \dfrac{E_1 - AE_2}{B}$ と求め，これを後式に代入してI_1'を求める方がはるかに手とり早い．

【例題6】 4端子定数がA_1, B_1, C_1, D_1とA_2, B_2, C_2, D_2なる二つの4端子網を**縦続接続**にして，入力側に電圧E_1，出力側に電圧E_2を加えたときの接続点の電圧Eと電流Iを**図3·27**の(a), (b), (c) の各場合について求めよ．

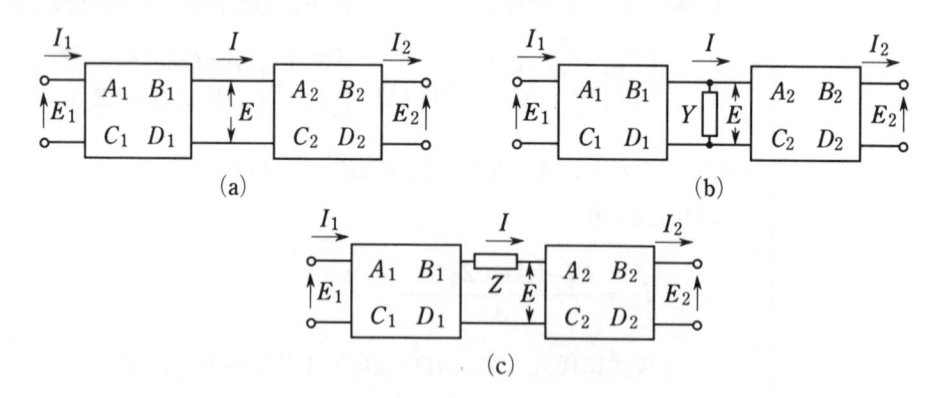

図 3·27 各種の縦続接続

【解答】 (1)の場合

縦続接続をした二つの4端子網の合成4端子定数は**図3·15**より明らかなように

$$\begin{bmatrix} A_0 & B_0 \\ C_0 & D_0 \end{bmatrix} = \begin{bmatrix} A_1 & B_1 \\ C_1 & D_1 \end{bmatrix} \begin{bmatrix} A_2 & B_2 \\ C_2 & D_2 \end{bmatrix} = \begin{bmatrix} A_1A_2 + B_1C_2 & A_1B_2 + B_1D_2 \\ A_2C_1 + C_2D_1 & B_2C_1 + D_1D_2 \end{bmatrix}$$

従って，入力側と出力側の関係は

$$\begin{bmatrix} E_1 \\ I_1 \end{bmatrix} = \begin{bmatrix} A_0 & B_0 \\ C_0 & D_0 \end{bmatrix} \begin{bmatrix} E_2 \\ I_2 \end{bmatrix} = \begin{bmatrix} A_0E_2 + B_0I_2 \\ C_0E_2 + D_0I_2 \end{bmatrix}$$

前式より　$I_2 = \dfrac{E_1 - A_0 E_2}{B_0}$

また，接続点の電圧 E，電流 I と出力側の E_2 および I_2 との関係は

$$\begin{bmatrix} E \\ I \end{bmatrix} = \begin{bmatrix} A_2 & B_2 \\ C_2 & D_2 \end{bmatrix} \begin{bmatrix} E_2 \\ I_2 \end{bmatrix} = \begin{bmatrix} A_2 E_2 + B_2 I_2 \\ C_2 E_2 + D_2 I_2 \end{bmatrix}$$

この式に前に求めた I_2 を代入すると，

$$E = A_2 E_2 + \dfrac{B_2(E_1 - A_0 E_2)}{B_0} = \dfrac{B_2 E_1 + B_1 E_2}{A_1 B_2 + B_1 D_2}$$

$$I = C_2 E_2 + \dfrac{D_2(E_1 - A_0 E_2)}{B_0} = \dfrac{D_2 E_1 - A_1 E_2}{A_1 B_2 + B_1 D_2}$$

ただし，上記の計算では　$A_2 D_2 - B_2 C_2 = 1$ の関係を用いた．

(2) の場合

この場合の合成4端子定数は

$$\begin{bmatrix} A_0 & B_0 \\ C_0 & D_0 \end{bmatrix} = \begin{bmatrix} A_1 & B_1 \\ C_1 & D_1 \end{bmatrix} \begin{bmatrix} 1 & 0 \\ Y & 1 \end{bmatrix} \begin{bmatrix} A_2 & B_2 \\ C_2 & D_2 \end{bmatrix}$$

$$= \begin{bmatrix} A_1 A_2 + B_1 C_2 + A_2 B_1 Y & A_1 B_2 + B_1 D_2 + B_1 B_2 Y \\ A_2 C_1 + C_2 D_1 + A_2 D_1 Y & B_2 C_1 + D_1 D_2 + B_2 D_1 Y \end{bmatrix}$$

となり，E_1, I_1, と E_2, I_2 の間には前と同じ関係が成立するので，この場合も

$$I_2 = \dfrac{E_1 - A_0 E_2}{B_0}$$

となり，E, I と E_2, I_2 間も前と同じ関係にあって

$$E = A_2 E_2 + B_2 I_2 = A_2 E_2 + \dfrac{B_2(E_1 - A_0 E_2)}{B_0}$$

$$= \dfrac{B_2 E_1 + B_1 E_2}{A_1 B_2 + B_1 D_2 + B_1 B_2 Y}$$

$$I = C_2 E_2 + D_2 I_2 = C_2 E_2 + \dfrac{D_2(E_1 - A_0 E_2)}{B_0}$$

$$= \dfrac{D_2 E_1 - (A_1 + B_1 Y) E_2}{A_1 B_2 + B_1 D_2 + B_1 B_2 Y}$$

ただし，この場合の第1の4端子網の出力側の電流 I_2' は

$$I_2' = I + EY = \dfrac{(D_2 + B_2 Y) E_1 - A_1 E_2}{A_1 B_2 + B_1 D_2 + B_1 B_2 Y}$$

(3) の場合

この場合の合成4端子定数は

$$\begin{bmatrix} A_0 & B_0 \\ C_0 & D_0 \end{bmatrix} = \begin{bmatrix} A_1 & B_1 \\ C_1 & D_1 \end{bmatrix} \begin{bmatrix} 1 & Z \\ 0 & 1 \end{bmatrix} \begin{bmatrix} A_2 & B_2 \\ C_2 & D_2 \end{bmatrix}$$

$$= \begin{bmatrix} A_1 A_2 + B_1 C_2 + A_1 C_2 Z & A_1 B_2 + B_1 D_2 + A_1 D_2 Z \\ A_2 C_1 + C_2 D_1 + C_1 C_2 Z & B_2 C_1 + D_1 D_2 + C_1 D_2 Z \end{bmatrix}$$

となり，E_1, I_1, と E_2, I_2 の関係は前と同じで，

$$I_2 = \frac{E_1 - A_0 E_2}{B_0}$$

となり，E, I と E_2, I_2 も前と同じになって

$$E = A_2 E_2 + B_2 I_2 = \frac{B_2 E_1 + (B_1 + A_1 Z) E_2}{A_1 B_2 + B_1 D_2 + A_1 D_2 Z}$$

$$I = C_2 E_2 + D_2 I_2 = \frac{D_2 E_1 - A_1 E_2}{A_1 B_2 + B_1 D_2 + A_1 D_2 Z}$$

ただし，この場合の第1の4端子網の出力側の電圧 E_2' は

$$E_2' = E + IZ = \frac{(B_2 + D_2 Z) E_1 + B_1 E_2}{A_1 B_2 + B_1 D_2 + A_1 D_2 Z}$$

【例題 7】 図3・28（a）に示すような4端子網の入力側1，2に電圧 E を加え，出力側3，4間を開放すると，入力側には電流 I が流入し，出力側には電圧 V があらわれる．次に入力側に同一電圧 E を加え，3，4間を短絡すると，入力側には I_s が流入し，3，4間には I_2 が流れるという．

この場合

$$EI_s - EI = VI_2$$

の成立することを証明し，また，（b）図のように，この4端子網を二つ縦続接続とし，1，2端子間に同一電圧 E を加えたとき，開放端3，4間にあらわれる電圧，1，2間に流入する電流を求めよ．

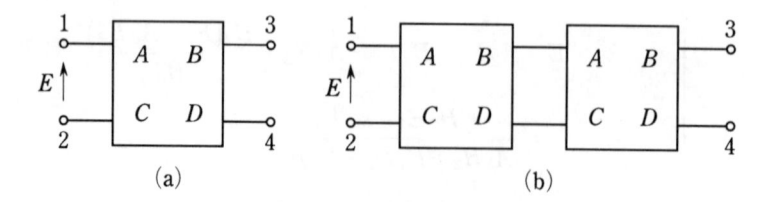

図 3・28

【解答】 この場合の4端子定数を A, B, C, D とすると，まず，3，4端子間を開放した場合より

$$\begin{bmatrix} E \\ I \end{bmatrix} = \begin{bmatrix} A & B \\ C & D \end{bmatrix} \begin{bmatrix} V \\ 0 \end{bmatrix} = \begin{bmatrix} AV \\ CV \end{bmatrix}$$

従って $A = \dfrac{E}{V}$, $C = \dfrac{I}{V}$,

と求められ，次に3，4端子間を短絡した場合より

$$\begin{bmatrix} E \\ I_s \end{bmatrix} = \begin{bmatrix} A & B \\ C & D \end{bmatrix} \begin{bmatrix} 0 \\ I_2 \end{bmatrix} = \begin{bmatrix} BI_2 \\ DI_2 \end{bmatrix}$$

従って $B = \dfrac{E}{I_2}$, $D = \dfrac{I_s}{I_2}$

3・5 マトリクスの応用例題

と求められ，ここで $AD - BC = 1$ が成立するためには，

$$\frac{E}{V} \times \frac{I_s}{I_2} - \frac{E}{I_2} \times \frac{1}{V} = 1$$

$$\therefore EI_s - EI = VI_2$$

すなわち，「4端子網の入力側の出力側短絡時の入力 $[EI_s]$ と出力側開放時の入力 $[EI]$ の差は，出力側の開放時の電圧と短絡時の電流の積 VI_2 に等しい」これも4端子網の一つの性質である．

さて，次に(b)図のように，この4端子網を二つ縦続にした場合の合成4端子定数は

$$\begin{bmatrix} A_0 & B_0 \\ C_0 & D_0 \end{bmatrix} = \begin{bmatrix} E/V & E/I_2 \\ I/V & I_s/I_2 \end{bmatrix} \begin{bmatrix} E/V & E/I_2 \\ I/V & I_s/I_2 \end{bmatrix}$$

$$= \frac{1}{VI_2} \begin{bmatrix} E(EI_2+VI)/V & E(EI_2+VI_s)/I_2 \\ I(EI_2+VI_s)/V & (EII_2+VI_s^2)/I_2 \end{bmatrix}$$

となり，3，4端子間を開放して，1，2端子間に電圧 E を加えたときの3，4端子間の電圧を V_0，および1，2間の流入電流を I_0 とすると

$$\begin{bmatrix} E_0 \\ I_0 \end{bmatrix} = \begin{bmatrix} A_0 & B_0 \\ C_0 & D_0 \end{bmatrix} \begin{bmatrix} V_0 \\ 0 \end{bmatrix} = \begin{bmatrix} A_0 & V_0 \\ C_0 & V_0 \end{bmatrix}$$

なる関係が成立するので

$$V_0 = E \times \frac{1}{A_0} = E \times \frac{V^2 I_2}{E(EI_2+VI)} = \frac{V^2 I_2}{EI_2+VI}$$

$$I_0 = C_0 V_0 = \frac{I(EI_2+VI_s)}{V^2 I_2} \times \frac{V^2 I_2}{EI_2+VI} = \frac{I(EI_2+VI_s)}{(EI_2+VI)}$$

というように求められる．

【例題8】 インピーダンス・マトリクス $[Z]$ が

$$[Z] = \begin{bmatrix} Z_1 & -Z_m \\ -Z_m & Z_2 \end{bmatrix}$$

直並列接続 である4端子網を2個用いて，図3・29のように，(1)直列としたとき，(2)並列としたとき，それぞれの合成4端子定数は1個の場合に比し，どのようになるか．

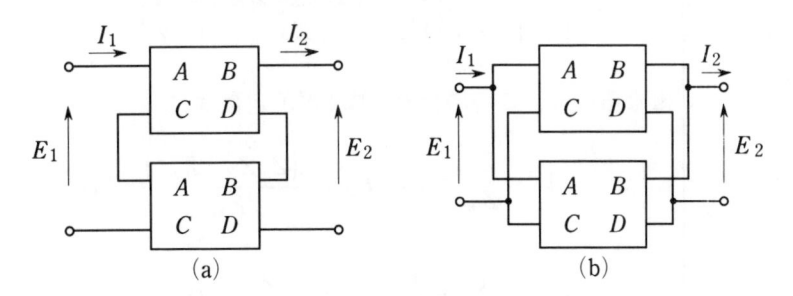

図3・29 直並列接続の例

【解答】 まず，1個単独の場合の4端子定数を求める．図3・19のところで説明し

たように，この場合

$$\begin{bmatrix} E_1 \\ -E_2 \end{bmatrix} = \begin{bmatrix} Z_1 & -Z_m \\ -Z_m & Z_2 \end{bmatrix}\begin{bmatrix} I_1 \\ I_2 \end{bmatrix} = \begin{bmatrix} Z_1 I_1 - Z_m I_2 \\ -Z_m I_1 + Z_2 I_2 \end{bmatrix}$$

この後式より　$I_1 = \dfrac{1}{Z_m} E_2 + \dfrac{Z_2}{Z_m} I_2$

これを前式に代入すると

$$E_1 = \dfrac{Z_1}{Z_m} E_2 + \dfrac{(Z_1 Z_2 - Z_m^2)}{Z_m} I_2$$

となるので，

$$\begin{bmatrix} E_1 \\ I_1 \end{bmatrix} = \dfrac{1}{Z_m}\begin{bmatrix} Z_1 & (Z_1 Z_2 - Z_m^2) \\ 1 & Z_2 \end{bmatrix}\begin{bmatrix} E_2 \\ I_2 \end{bmatrix}$$

となり，1個単独の場合の4端子定数は

$$A = \dfrac{Z_1}{Z_m},\quad B = \dfrac{Z_1 Z_2 - Z_m^2}{Z_m},\quad C = \dfrac{1}{Z_m},\quad D = \dfrac{Z_2}{Z_m}$$

となり，もちろん，$AD - BC = 1$　が成立する．

(1) 直列の場合

合成インピーダンスマトリクス　図3·16で説明したように，合成インピーダンス・マトリクスは各インピーダンス・マトリクスの和となり，

$$\begin{bmatrix} E_1 \\ -E_2 \end{bmatrix} = \begin{bmatrix} 2Z_1 & -2Z_m \\ -2Z_m & 2Z_2 \end{bmatrix}\begin{bmatrix} I_1 \\ I_2 \end{bmatrix} = \begin{bmatrix} 2Z_1 I_1 - 2Z_m I_2 \\ -2Z_m I_1 + 2Z_2 I_2 \end{bmatrix}$$

となる．この後式より

$$I_1 = \dfrac{1}{2Z_m} E_2 + \dfrac{Z_2}{Z_m} I_2$$

これを前式に代入すると

$$E_1 = \dfrac{Z_1}{Z_m} E_2 + \dfrac{2(Z_1 Z_2 - Z_m^2)}{Z_m} I_2$$

となるので，

$$\begin{bmatrix} E_1 \\ I_1 \end{bmatrix} = \dfrac{1}{Z_m}\begin{bmatrix} Z_1 & 2(Z_1 Z_2 - Z_m^2) \\ 1/2 & Z_2 \end{bmatrix}\begin{bmatrix} E_2 \\ I_2 \end{bmatrix}$$

となるので，この場合の合成4端子定数は

$$A_0 = \dfrac{Z_1}{Z_m} = A,\quad B_0 = \dfrac{2(Z_1 Z_2 - Z_m^2)}{Z_m} = 2B$$

$$C_0 = \dfrac{1}{2Z_m} = \dfrac{1}{2}C,\quad D_0 = \dfrac{Z_2}{Z_m} = D$$

となる．

3·5 マトリクスの応用例題

(2) 並列の場合

与えられたインピーダンス・マトリクス $[Z]$ に対応するアドミタンス・マトリクス $[Y]$ は

$$[Y] = [Z]^{-1} = \begin{bmatrix} Z_1 & -Z_m \\ -Z_m & Z_2 \end{bmatrix}^{-1} = \frac{1}{Z_1 Z_2 - Z_m^2} \begin{bmatrix} Z_2 & Z_m \\ Z_m & Z_1 \end{bmatrix}$$

<small>合成アドミタンスマトリクス</small>

となり，これを2個並列とした場合の**合成アドミタンス・マトリクス**は，図3·17で説明したように，各アドミタンスの和となるので，

$$\begin{bmatrix} I_1 \\ I_2 \end{bmatrix} = \frac{1}{|Z|} \begin{bmatrix} 2Z_2 & 2Z_m \\ 2Z_m & 2Z_1 \end{bmatrix} \begin{bmatrix} E_1 \\ E_2 \end{bmatrix} = \frac{1}{|Z|} \begin{bmatrix} 2Z_2 E_1 - 2Z_m E_2 \\ 2Z_m E_1 - 2Z_1 E_2 \end{bmatrix}$$

ただし，$|Z| = Z_1 Z_2 - Z_m^2$

この後式より $E_1 = \dfrac{Z_1}{Z_m} E_2 + \dfrac{|Z|}{2Z_m} I_2$

これを前式に代入すると

$$I_1 = \frac{2(Z_1 Z_2 - Z_m^2)}{Z_m |Z|} E_2 + \frac{Z_2}{Z_m} I_2 = \frac{2}{Z_m} E_2 + \frac{Z_2}{Z_m} I_2$$

となるので，次の関係が成り立つ．

$$\begin{bmatrix} E_1 \\ I_1 \end{bmatrix} = \frac{1}{Z_m} \begin{bmatrix} Z_1 & |Z|/2 \\ 2 & Z_2 \end{bmatrix} \begin{bmatrix} E_2 \\ I_2 \end{bmatrix}$$

従って，このときの合成4端子定数は

$$A_0 = \frac{Z_1}{Z_m} = A, \quad B_0 = \frac{Z_1 Z_2 - Z_m^2}{2Z_m} = \frac{1}{2} B,$$

$$C_0 = \frac{2}{Z_m} = 2C, \quad D_0 = \frac{Z_2}{Z_m} = D$$

ということになり，以上(1)，(2)の何れの場合でも $A_0 D_0 - B_0 C_0 = AD - BC = 1$ になる．

3·6 マトリクスの要点

マトリクスの種類
次数，要素

(1) マトリクスの種類

(1) 矩形（mn）マトリクス；m行，n列のマトリクスで，m, nを次数，構成する文字を**要素**という．

(2) 正方マトリクス；$m=n$のマトリクスでa_{11}からa_{nn}に引いた対角線上の要素を**対角線要素**という．

対角線要素

(3) 対角マトリクス；対角線要素以外の要素のすべてが0であるマトリクス．

(4) 単位マトリクス；対角マトリクスの対角線要素のすべてが1であるマトリクス$[U]$．

(5) スカラマトリクス；対角マトリクスの対角線要素のすべてがある数aであるマトリクス$[a]$．

(6) 零マトリクス；要素のことごとくが0であるマトリクス$[0]$．

(7) 対称マトリクス；主対角線に対し対称的な正方マトリクス．

(8) ひずみ対称マトリクス；主対角線に対し異符号で対称的な正方マトリクス．

(9) 交代マトリクス；ひずみ対称マトリクスで対角線要素がすべて0のマトリクス．

(10) 三角マトリクス；主対角線の下の部分の要素がすべて0であるマトリクス．

(11) 単項マトリクス；各行，各列の要素の1個を除いた他はすべて0であるマトリクス．

(12) 置換マトリクス；単項マトリクスで0でない要素のことごとくが1であるマトリクス．

(13) 転置マトリクス；原マトリクス$[A]$の行と列を入れ換えたマトリクス$[A]_t$．

(14) 共役マトリクス；原マトリクスの複素数である各要素を共役複素数に置きかえたマトリクス．

(15) 二重マトリクス；幾つかのマトリクスを要素としたマトリクス．

四則計算

(2) マトリクスの四則計算

【相等】二つのマトリクスの対応（同行同列）する各要素のすべてが相等しいと相等になる． (3·1)

【和と差】いくつかのマトリクスの和（差）は各対応する要素ごとに和（差）をとればよい． (3·2)

注：マトリクスの計算で和（差）の交換法則や結合法則は成立し，マトリクスの和（差）の転置マトリクスは，もとの各マトリクスの転置マトリクスの和（差）に等しい (3·3) (3·4)

【分解】任意のマトリクス$[A]$は対称マトリクス$[T]$と交代マトリクス$[K]$の和に分解できる．すなわち

$$[A] = \frac{[A]+[A]_t}{2} + \frac{[A]-[A]_t}{2} = [T]+[K] \tag{3·5}$$

3・6 マトリクスの要点

【乗法】 あるマトリクスをα倍するということは，このマトリクスのことごとくの要素をα倍することになり，マトリクスとマトリクスを乗ずるには次の要領で行う． (3・6)

$$\begin{bmatrix} \overset{①\longrightarrow}{a_{11}\ a_{12}} \\ \overset{②\longrightarrow}{a_{21}\ a_{22}} \end{bmatrix} \begin{bmatrix} \overset{①}{b_{11}} & \overset{②}{b_{12}} \\ b_{21}\downarrow & b_{22}\downarrow \end{bmatrix} = \begin{bmatrix} a_{11}b_{11}+a_{12}b_{21} & a_{11}b_{12}+a_{12}b_{22} \\ a_{21}b_{11}+a_{22}b_{21} & a_{21}b_{12}+a_{22}b_{22} \end{bmatrix} \quad (3・7)$$

交換法則 (1) マトリクスの乗積では一般に**交換法則**は成立しない．

すなわち $[A][B] \neq [B][A]$

結合法則 (2) **結合法則**は成立する $[A][B][C]=[A]\{[B][C]\}=\{[A][B]\}[C]$ (3・8)

(3) 特別な乗積，$[A][0]=[0][A]=[0]$, $[A][U]=[U][A]=[A]$,

$[A][a]=[a][A]=a[A]=[A]a$

(4) 積の転置マトリクス $([A][B])_t=[B]_t[A]_t$ (3・9)

分配法則 (5) **分配法則**は成立する．

$([A]+[B])[C]=[A][C]+[B][C]$

$[C]([A]+[B])=[C][A]+[C][B]$ (3・10)

【除法】 $[C]\div[A]=[C]\times[A]^{-1}$ になるので，マトリクスの除法は，除数マトリクス $[A]$ の逆マトリクス $[A]^{-1}$ を求めると，乗法に転化する．ここで $[A]\times[A]^{-1}=[U]$ (3・13) である．——なお，正方マトリクスだけが逆マトリクスを有する——

この逆マトリクスは，例えば次のようにして求める． (3・11)

$$[Z]=\begin{bmatrix} Z_{11} & Z_{12} & Z_{13} \\ Z_{21} & Z_{22} & Z_{23} \\ Z_{31} & Z_{32} & Z_{33} \end{bmatrix} \text{ に対し } [Z]_t=\begin{bmatrix} Z_{11} & Z_{21} & Z_{31} \\ Z_{12} & Z_{22} & Z_{32} \\ Z_{13} & Z_{23} & Z_{33} \end{bmatrix} \text{ を作る}$$

$$[Z]^{-1}=\frac{1}{|Z|}\begin{bmatrix} M_{11} & -M_{12} & M_{13} \\ -M_{21} & M_{22} & -M_{23} \\ M_{31} & -M_{32} & M_{33} \end{bmatrix}$$

M_{ij} は $[Z]_t$ で i行j列を除いた残りの行列式でその符号は $(-1)^{(i+j)}$ となる．

例えば，M_{21} は $[Z]_t$ で2行1列を除いた残りの行列式で下記のようになり，符号は，$(-1)^{2+1}=(-1)^3=-1$.

$$M_{11}=\begin{vmatrix} Z_{22} & Z_{32} \\ Z_{23} & Z_{33} \end{vmatrix}, \quad M_{12}=\begin{vmatrix} Z_{12} & Z_{32} \\ Z_{13} & Z_{33} \end{vmatrix}, \quad M_{13}=\begin{vmatrix} Z_{12} & Z_{22} \\ Z_{13} & Z_{23} \end{vmatrix}$$

$$M_{21}=\begin{vmatrix} Z_{21} & Z_{31} \\ Z_{23} & Z_{33} \end{vmatrix}, \quad M_{22}=\begin{vmatrix} Z_{11} & Z_{31} \\ Z_{13} & Z_{33} \end{vmatrix}, \quad M_{23}=\begin{vmatrix} Z_{11} & Z_{21} \\ Z_{13} & Z_{23} \end{vmatrix}$$

$$M_{31}=\begin{vmatrix} Z_{21} & Z_{31} \\ Z_{33} & Z_{32} \end{vmatrix}, \quad M_{32}=\begin{vmatrix} Z_{11} & Z_{31} \\ Z_{12} & Z_{32} \end{vmatrix}, \quad M_{33}=\begin{vmatrix} Z_{11} & Z_{21} \\ Z_{12} & Z_{22} \end{vmatrix}$$

(1) $[A]$が対称マトリクスであると$[A]^{-1}$も対称マトリクスになり，$[A]$が対角マトリクスだと$[A]^{-1}$も対角マトリクスとなり対角線要素は前の逆数になる．

(3・12)

(2) マトリクスの積の逆マトリクスは積の転置マトリクスと同様に，

$$([A][B])^{-1} = [B]^{-1}[A]^{-1} \tag{3・14}$$

(3) 電気回路基本定理のマトリクス表示

【オームの法則】 $[Z][I]=[E]$, $[Y][E]=[I]$, $[Y]=[Z]^{-1}$.
　　ただし，これを$[I][Z]$とか$[E][Y]$とは書けない．　　(3・18) 〜 (3・20)

【重ねの理】 または，重ねの法則をマトリクスであらわすと

$$[I] = [Y]\begin{bmatrix} E_1 \\ 0 \\ \vdots \\ 0 \end{bmatrix} + [Y]\begin{bmatrix} 0 \\ E_2 \\ 0 \\ \vdots \\ 0 \end{bmatrix} + \cdots + [Y]\begin{bmatrix} 0 \\ \vdots \\ 0 \\ E_n \end{bmatrix} \tag{3・21}$$

【相反定理】 これをマトリクスであらわすと

$$[E_1, E_2, \cdots, E_n]\begin{bmatrix} I_1' \\ I_2' \\ \vdots \\ I_n' \end{bmatrix} = [I_1, I_2, \cdots, I_n]\begin{bmatrix} E_1' \\ E_2' \\ \vdots \\ E_n' \end{bmatrix} \tag{3・22}$$

【補償定理】 このマトリクス的な表示は

$$[\Delta I] = \begin{bmatrix} \Delta I_1 \\ \Delta I_2 \\ \vdots \\ \Delta I_n \end{bmatrix} = \begin{bmatrix} Z_{11} & \cdots & Z_{1n} \\ \vdots & & \vdots \\ Z_{n1} & \cdots & Z_{nn}+\Delta Z_{nn} \end{bmatrix}^{-1} \begin{bmatrix} 0 \\ 0 \\ \vdots \\ -\Delta Z_{nn}I_n \end{bmatrix} \tag{3・23}$$

なお，拡張された補償定理は

$$[\Delta I] = ([Z]+[\Delta Z_m])^{-1}(-[\Delta Z_m][I_m]) \tag{3・24}$$

【テブナンの定理】 拡張されたテブナンの定理は

$$[\Delta I] = ([Z]+[\Delta Z])^{-1}[\Delta E] \tag{3・25}$$

(4) 4端子網方程式のマトリクス表示

4端子網の電圧，電流の方向を図の矢印のように仮定したとき

$$\begin{bmatrix} E_1 \\ I_1 \end{bmatrix} = \begin{bmatrix} A & B \\ C & D \end{bmatrix}\begin{bmatrix} E_2 \\ I_2 \end{bmatrix} \tag{3・29}$$

ただし $\begin{vmatrix} A & B \\ C & D \end{vmatrix} = 1$ (3・30)

または $\begin{bmatrix} E_2 \\ I_2 \end{bmatrix} = \begin{bmatrix} A & B \\ C & D \end{bmatrix}^{-1} \begin{bmatrix} E_1 \\ I_1 \end{bmatrix} = \begin{bmatrix} D & -B \\ -C & A \end{bmatrix} \begin{bmatrix} E_1 \\ I_1 \end{bmatrix}$ (3・31)

図は4端子網の原形であって

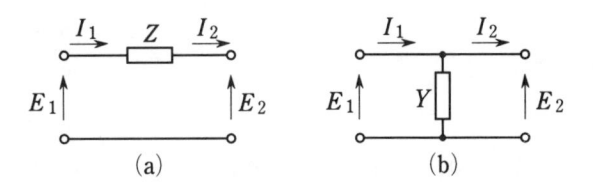

(a) では $\begin{bmatrix} E_1 \\ I_1 \end{bmatrix} = \begin{bmatrix} 1 & Z \\ 0 & 1 \end{bmatrix} \begin{bmatrix} E_2 \\ I_2 \end{bmatrix}$

(b) では $\begin{bmatrix} E_1 \\ I_1 \end{bmatrix} = \begin{bmatrix} 1 & 0 \\ Y & 1 \end{bmatrix} \begin{bmatrix} E_2 \\ I_2 \end{bmatrix}$

となり，他はこの組合せとして求められる．

3・7 マトリクスの演習問題

インピーダンスマトリクス

【問題 3・1】 起電力 E_a, E_b に対し，インピーダンス Z_a, Z_b, Z_1, Z_2, Z が図のように接続された回路の電流を図示のように仮定したときのインピーダンスマトリクスは．

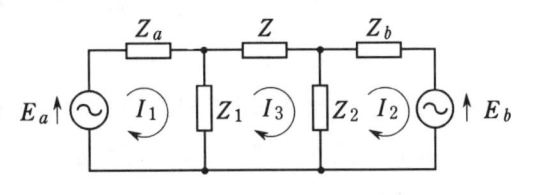

〔答 $Z_{11} = Z_a + Z_1$, $Z_{12} = 0$,
$Z_{13} = -Z_1$, $Z_{21} = 0$,
$Z_{22} = Z_b + Z_2$, $Z_{23} = -Z_2$,
$Z_{31} = -Z_1$, $Z_{32} = -Z_2$,
$Z_{33} = Z_1 + Z_1 + Z$〕

【問題 3・2】 相互誘導 M によって結合された回路の起電力を E とし，電流分布を図のように仮定したときのインピーダンスマトリクスは．ただし，f を周波数，$\omega = 2\pi f$ とする．

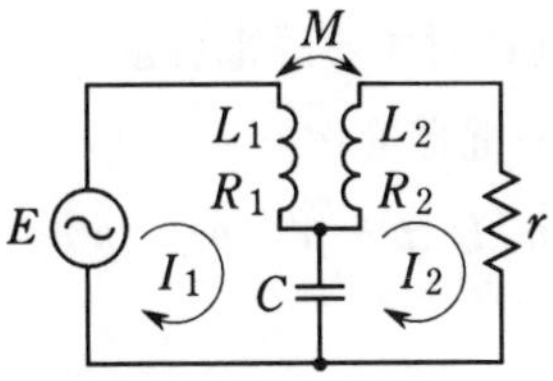

〔答 $Z_{11} = R_1 + j(\omega L_1 + 1/\omega C)$,
$Z_{12} = Z_{21} = -j(\omega M + 1/\omega C)$,
$Z_{22} = r + R_2 + j(\omega L_2 + 1/\omega C)$〕

3 マトリクスと多端子回路網

ブリッジ回路

【問題 3·3】 図のようなブリッジ回路の電流分布を求め，Z_t に流れる電流は，この起電力 E を Z_s の回路よりはずして Z_t の回路に入れたとき Z_s に流れる電流に等しいことを証明せよ．

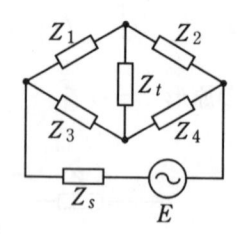

サージインピーダンス

【問題 3·4】 自己サージインピーダンス Z，相互サージインピーダンス Z_m である対称3導線系を図のように3線を一括して電圧を印加した場合の整合抵抗 R を求めよ．

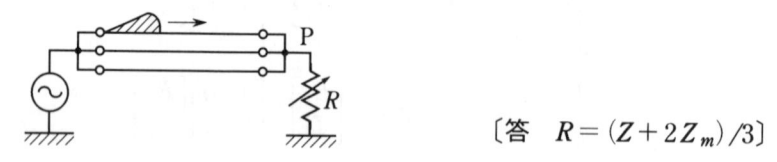

〔答 $R=(Z+2Z_m)/3$〕

注意 P点での反射波を0とする R を整合抵抗という．

サージアドミタンス

【問題 3·5】 自己サージアドミタンス y，相互サージアドミタンス y_m である対称 $(m+r)$ 導線系で図のように r 導線をその両端で一括して接地し，m 導線を一括して電圧を印加した場合の整合抵抗 R を求めよ．

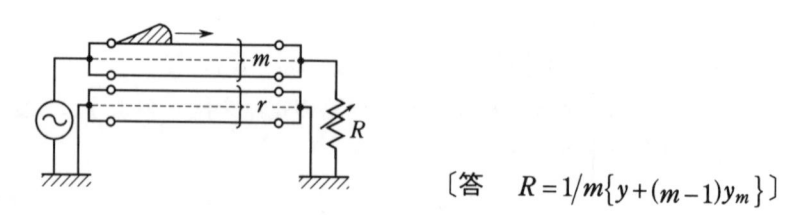

〔答 $R=1/m\{y+(m-1)y_m\}$〕

【問題 3·6】 こう長が l で完全に燃架された3相3線式1回線の送電線路がある．各電線の電位を v_1, v_2, v_3，単位長当りの電荷をそれぞれ q_1, q_2, q_3 とし，また，電位係数を p, p' とするとき，次の関係式が成立する．

$$\begin{bmatrix} v_1 \\ v_2 \\ v_3 \end{bmatrix} = \begin{bmatrix} p & p' & p' \\ p' & p & p' \\ p' & p' & p \end{bmatrix} \begin{bmatrix} q_1 \\ q_2 \\ q_3 \end{bmatrix}$$

静電容量

この場合，下記について，全亘長の静電容量を p, p' で表わせ．
(1) 2線を開放したとき，他の1線の大地に対する静電容量
(2) 2線を接地したとき，他の1線の大地に対する静電容量
(3) 3線を一括したものの大地に対する静電容量

〔答 (1) l/p (2) $(p+p')l/(p-p')(p+2p')$ (3) $3l/(p+2p')$〕

【問題 3·7】 こう長 100 km の並行2回線の送電線において，それぞれ両回線を一括し，これを (a) 図に示すように直列に充電する場合および (b) 図に示すように並列

3·7 マトリクスの演習問題

充電電流 | に充電する場合にそれぞれについて電源から供給する充電電流を計算し，いずれが何%大きいかを比較せよ．ただし発電機は電圧 10 kV，周波数 50 Hz のものとし，線路定数は次に示す通りとする．その他の線路定数は無視する．

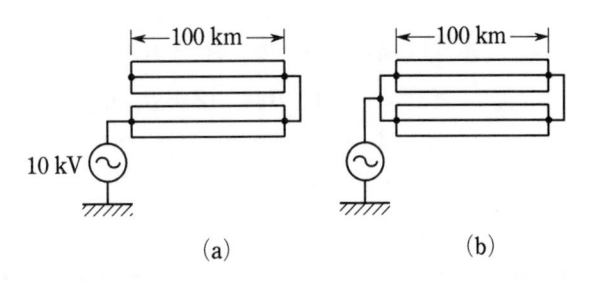

静電容量係数　$k = 0.008\,\mu\mathrm{F/km}$
1回線内の静電誘導係数　$k' = -0.0011\,\mu\mathrm{F/km}$
両回線内の静電誘導係数　$k'' = -0.00048\,\mu\mathrm{F/km}$

〔答　何れの場合も 8.2 A〕

【問題 3·8】　(a)図のような4端子定数が A, B, C および D である回路とインピーダンス Z_1, Z_2, Z_3 からなる(b)図のようなT回路が等価であるためには，Z_1, Z_2, Z_3 の値をいかにすべきか．

〔答　$Z_1 = (A-1)/C$, $Z_2 = (D-1)/C$, $Z_3 = 1/C$〕

【問題 3·9】　図のような2個のインピーダンス $Z/2$, $Z/2$ と3個のアドミタンス $Y/6$, $2Y/3$, $Y/6$ から構成される4端子回路網の4端子定数を定めよ．

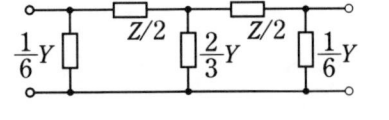

〔答　$A = D = (1 + ZY/2 + Z^2Y^2/36)$, $B = (1 + ZY/6)$,
$C = Y(1 + 5ZY/36 + Z^2Y^2/216)$〕

【問題 3·10】　図のような送電線路がある．A, B, C および D は線路だけの4端子定数であって，Z_s および Z_r はそれぞれ送受両端の変圧器の漏れインピーダンスを示す．この線路の合成4端子定数 A_0, B_0, C_0 および D_0 を求め，また，$A_0 D_0 - B_0 C_0 = 1$ となることを証明せよ．

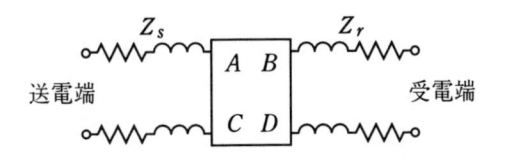

〔答　$A_0 = A + CZ_s$, $B_0 = B + AZ_r + DZ_s + CZ_s Z_r$, $C_0 = C$, $D_0 = D + CZ_r$〕

3 マトリクスと多端子回路網

直列コンデンサ

【問題 3・11】 直列コンデンサを長距離送電線路の(1)送電端，(2)受電端および(3)線路中央に施設した場合，それぞれの場合の4端子定数を求めよ．ただし，送電線の4端子定数を A, B, C, D ($A=D$) とし，直列コンデンサのインピーダンスを Z とする．

〔答 (1) $A_1 = A + CZ$, $B_1 = B + AZ$, $C_1 = C$, $D_1 = D$
(2) $A_2 = A$, $B_2 = AZ + B$, $C_2 = C$, $D_2 = CZ + A$
(3) $A_3 = A + CZ/2$, $B_3 = B + (A+1)Z/2$, $C_3 = C + C^2Z/2 (A+1)$, $D_3 = D + CZ/2$〕

【問題 3・12】 (a)図の N はリアクタンス4端子網である．

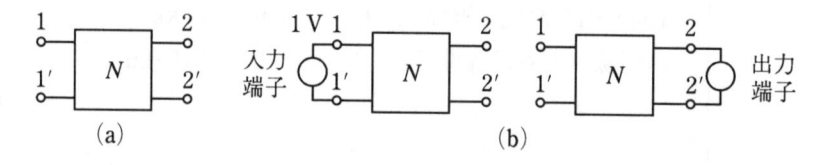

(a) (b)

(1) 端子2, 2'を開放し，端子1, 1'に1Vの電圧を加えると，端子2, 2'に3Vを生じ，端子1, 1'には0.1Aの遅れ電流が流れる．

(2) 端子2, 2'を短絡し，端子1, 1'に1Vの電圧を加えると，端子2, 2'を流れる電流は0.5Aであり，開放時の電圧より進んでいる．

図(b)のように同じ4端子 N を2個縦続につなぎ，入力端子1, 1'に1Vを加えたとき，出力端子2, 2'に現われる電圧を求めよ．

〔答 22.5 V〕

索 引

英字

α	1
β	1
δ	1
ε	1
η	1
θ	1
λ	1
μ	1
ν	1
π	1
T 回路	61
π 回路	61
Y 回路	59
Z 回路	59
YZ 回路	60
ZY 回路	60
0 行列	23
$2n$ 端子網	63
2次方程式	6
2端子網	56
3元1次連立方程式	28
4端子回路	56
4端子定数	56
4端子網	56
4端子網の原形	59
mn マトリクス	34

ア行

アドミタンスマトリクス	47, 50, 65, 67
網目電流法	16
インピーダンスマトリクス	47, 50, 65, 67, 81
一次変換	34
円周角	11
オームの法則	50

カ行

階乗	2
外心	10
重ねの法則	50, 66
加法定理	13
キルヒホッフの法則	49
ギリシャ文字	1
逆マトリクス	43, 44
共役マトリクス	36
共通因数	23
行マトリクス	42
行列	22, 33
行列式	16, 18
行列式の展開	44
クロネッカーの記号	35
矩形マトリクス	34
ケルビンダブルブリッジ	32
結合回路	67
結合法則	40, 79
元, 行, 列	18
弧	11
弧度法	12
交換法則	39, 40, 79
交代マトリクス	35, 39
合成アドミタンスマトリクス	77
合成インピーダンスマトリクス	76
合成4端子定数	68, 69
合同	9
根の判別式	7

サ行

サージアドミタンス	82
サージインピーダンス	82
三角マトリクス	36
指数計算	4
指数法則	4
次数	34

次数，要素	78
四則計算	78
縦続接続	61, 72
受動回路	56
乗法公式	2
重心	10
充電電流	83
スカラマトリクス	35, 41
垂心	10
随伴マトリクス	46
正則マトリクス	48
正弦法則	15
正三角形	8
正方行列	22
正方マトリクス	35
静電容量	82
積の公式	13
相互インダクタンス	67
相似	2, 9
相等	37
相反定理	51
相反の定理	58
側心	10

タ行

タルト・ブリッジ	27
第一余弦法則	14
第二余弦法則	15
多端子網	63
対角線要素	35, 78
対角マトリクス	35
対角マトリクスとの積	41
対称回路	64
対称マトリクス	35
単位マトリクス	35
単位マトリクスの積	40
単項マトリクス	36

単項マトリクスとの積	42
置換マトリクス	36
頂角，底角	9
中心角	11
直列コンデンサ	84
直並列接続	75
直列接続	62
地絡電流	55
テブナンの定理	54
展開式	18
電気回路網	50
転置行列	22
転置マトリクス	36
転置マトリクスの差	38
転置マトリクスの和	38
電流分布仮定法	25
同位角，錯覚	8
同側内角	8
等号	2
特異マトリクス	48

ナ行

内心	10
二重マトリクス	37, 55
二等辺三角形	9
入力端子	56
能動回路	56

ハ行

半円角	11
ひずみ対称マトリクス	35
ピタゴラスの定理	12
比例	2
比例式	3
ブリッジ回路	82
複素数	2
複符号	2

索引

不等号	2
部分分数	3
分配法則	43, 79
べき	5
べき根	5
平行線	7
平行四辺形	10
並列接続	62
ホイートストンブリッジ	20
補角	8
補償定理	52, 53

マ行

マトリクス	33, 47
マトリクスの積	40
マトリクスの差	38
マトリクスの行列式	43
マトリクスの種類	78
マトリクスの除法	43
マトリクスの乗法	39
マトリクスの積の逆マトリクス	48
マトリクスの倍法	39
マトリクスの連乗積	41
マトリクスの和	38

ヤ行

要素	34, 78
余因子	44

ラ行

ライヒスアンスタルトブリッジ	27
ラティス回路	57
零マトリクス	35
列マトリクス	42

d-book
行列式, マトリクスと電気回路網

2000年4月13日　第1版第1刷発行

著　者　田中久四郎
発行者　田中久米四郎
発行所　株式会社　電気書院
　　　　（〒151-0063）
　　　　東京都渋谷区富ケ谷二丁目2-17
　　　　電話　03-3481-5101（代表）
　　　　FAX　03-3481-5414
制　作　久美株式会社
　　　　（〒604-8214）
　　　　京都市中京区新町通り錦小路上ル
　　　　電話　075-251-7121（代表）
　　　　FAX　075-251-7133

印刷所　創栄印刷株式会社
Ⓒ2000kyusiroTanaka　　　　　　　　　Printed in Japan
ISBN4-485-42911-3　　　　　　　［乱丁・落丁本はお取り替えいたします］

〈日本複写権センター非委託出版物〉

　本書の無断複写は，著作権法上での例外を除き，禁じられています．
　本書は，日本複写権センターへ複写権の委託をしておりません．
　本書を複写される場合は，すでに日本複写権センターと包括契約をされている方も，電気書院京都支社（075-221-7881）複写係へご連絡いただき，当社の許諾を得て下さい．